新装改訂版

鋼の水

林 伸一

HAYASHI SHINICHI

幻冬舎MC

本書は当社のブランドブック『みずすまし』（幻冬舎メディアコンサルティング）の出版にあたり、2015年にダイヤモンド社から上梓した『鋼の水 — ウォータージェット工法のパイオニア、50年の歩み』のデザインを一新して、幻冬舎メディアコンサルティングから新装改訂版として出版したものです。

凡例

1. 文中の企業・団体名につきましては、読者の読みやすさに配慮して敬称を省かせていただいております。
2. 文中の企業・団体名、個人の役職等につきましては、執筆当時のものとなっております。

関係者様には失礼と存じますが、ご容赦いただきますようお願い申し上げます。

新装改訂版

鋼 の 水

はじめに

　あなたは、「水の力」で鉄が切れることを知っていますか？　もしかしたら、テレビや新聞などでご覧になって、「知っている」という方もいらっしゃるかもしれません。でも、〝厚さ40mmの鉄板〟も切れると聞いたらたぶん、驚かれるのではないでしょうか？

　詳しくは本文をお読みいただくとして、水の力はさまざまな産業分野で用いられ、現在の日本を支える一翼を担っている ―― このことを知っていただきたくて、この本を出すことにいたしました。

　水の力は、鉄を切るだけではありません。例えばコンクリートを切断したり、砕いたり、こびりついた汚れを落としたり、塗装を剥がしたりとさまざまなことができるのです。この水の力は「ウォータージェット工法」と呼ばれる、高圧力の水を噴射する技術で実現されるものです。

　圧力のことを身近に感じていただくために、例え話をします。

　ピンヒールを履いた女性に、思い切り足を踏みつけられたと想像してみてください。下手をすると靴に穴が開いてしまうかもしれません。もちろん足も無事ではすまないでしょう。かかとが平らなビジネスシューズならそうでもないのに、ピンヒールは恐ろしい。これは、重さが狭い面積に集中するからです。

　次に、ウォータージェットで使用する水圧をこれに例えて説明を試みてみましょう。ピンヒールを履いた象を想像していただけますか？　象の体重といったら４ｔほど、ピンヒールのヒール部分は1cm四方。こんなピンヒールを履いた象が力を込

めてステップを踏んできたら……イメージするだけで恐ろしいことです。もしかしたら、道路すら砕いてしまうかもしれません。

　これが高圧水を集中させてコンクリートの構造物を「水の力でたたき割る」原理です。

　私が代表取締役社長を務める日進機工株式会社は、このウォータージェット工法のパイオニアとして業界全体を牽引してきました。そこで、本書では創立以来50数年にわたる取り組みを振り返りながら、この「ウォータージェット工法」をできるだけわかりやすく解説し、この技術がどのように社会に役立っているかについてお伝えしたいと思っています。

　製造や建設の現場で環境対策に頭を悩ませている方には、課題解決のヒントとしてお役に立てるかもしれません。また、社会の役に立つ、やりがいのある仕事に就きたいと考えている学生には、選択肢の一つを提供できるかもしれません。日本の優れた技術に関心のある方には、面白い読み物になることでしょう。

　当社は、「お客様の生産設備・インフラを最適な状態で維持・管理していくことで、お客様の仕事そのものを成功に導き、お客様に感動を与える会社」を目指しています。本書を通じて、読者の皆様に驚きや感動をお届けできたとしたら、それに勝る幸せはありません。

Contents

第2章　安全・環境に配慮して剥離する「剥がす」技術

Contents

第3章　大型建機に負けない威力で砕く・崩す「はつる」技術

第4章　火気厳禁の場所でも、水中でも切断できる「切る」技術

第5章　工場の設備一つひとつに精通するプラントメンテナンスの専門医

Contents

鉄をも貫く水の力
「ウォータージェット工法」

3.11の被災地でも役立った知られざる水の力

　忘れもしない2011年3月11日。仕事に没頭していた私は、大きな揺れを感じて我に返りました。幸いにも本社のある名古屋市守山区では、震度3を観測するにとどまり大きな被害もありませんでしたが、その後もしばらく余震は続き、その揺れの強さはこれが普通の地震ではないことを物語っていました。この時、宮城県北部を中心に最大震度7の大地震が発生していたのです。地震の情報を得るためにつけたテレビには、既に津波が押し寄せる衝撃的な映像が流れていました。情報を収集していくと、地震そのものよりも津波の被害が大きいということがわかってきました。

　さらに、東北から関東にかけて石油コンビナートで火災が発生していることも報道されていました。千葉県の石油コンビナートの火災では、高さ30mはあろうかという爆炎の燃えさかる映像が流れ、ショックと不安をかき立てるには十分すぎるものでした。過去に例をみない高圧ガスタンクなどの大規模火災であったため有効な消火活動が行えず、火災の鎮圧を確認したのは8日後の3月19日の夕方、鎮火をみたのは21日の朝という大事故でした。

　そして、東日本大震災のショックに日本全体が沈んでいた4月中旬、当社に突然の連絡が入りました。「あの石油コンビナートの火災について調査したいので、損壊した球形タンクを切断してほしい。しかもゴールデンウィーク中に実施したい」という依頼でした。

　カレンダーを見ると準備期間はわずか2週間。その間に、作業計画と費用見積りを出し、要員と設備の手配を済ませる必要がありました。大変な作業でしたが、震災の被災地に力を貸したいという思いが強く、準備をやり終えて4月の終わりには

▶解体準備で足場を組んで、切断装置を取り付ける

▶球形タンクを水の力で切っていく

▶上下に切断した状態。この後、上半分をクレーンで持ち上げる

現地入りすることができたのです。

　当社にこの依頼があったのには理由がありました。石油コンビナートという場所のため火気厳禁という制約があり、鉄を切る方法として広く普及しているガスでの切断は検討することができなかったからです。ノコギリなどを使っての切断も、摩擦により火花が散ってしまいます。

　すべての制約をクリアする唯一の手段が水の力、ウォータージェットによる切断だったため、その技術のエキスパートである当社に白羽の矢が立ちました。化学プラントや発電所でのメンテナンス実績が多数あり、このような火気厳禁の現場に慣れているということも大きな理由でした。

　この作業では、直径20mという大きな球形タンクを上下半分に切り分け、上半分をクレーンで取り除きました。指定の工期は3日間でしたが、安全第一で無事やり遂げることができました。

　災害時の事故を100％防止するのは難しいことですが、同様の事故を起こさないように対策を練ることと、万が一起こったときには被害を最小にとどめて復旧することが求められます。このために、災害発生後の詳しい原因究明は不可欠のことであり、そのために少なからずお役に立てたことは、私たちの誇りとするところです。

どうして水の力で鉄が切れるのか

　水の力をご理解いただくため、当社が携わった具体的な事例を先にご紹介させていただきましたが、ここで水で鉄が切れる原理について見ていきたいと思います。「どうして水の力で鉄が切れるのか？」、原理は簡単です。細いノズルから超高圧

▲鉄の配管は水の力で切ることができる

▲タンクの撤去工事にも用いられる

力の水と研掃材と呼ばれる粉状の硬い物質を同時に吹き付けることで鉄でさえ切ることができるのです。正確には、「切る」というよりも「水の当たった幅だけを削り取る」のです。この超高圧の水を吹き付ける技術、および装置を「ウォータージェット」と呼んでいます。

「水でモノを切る」ことは、実は以前から研究されていました。私たちが実際のメンテナンスの現場に「活用できる」と確信を得たのは1991年8月にドイツのWOMA社の「エコマスター2000」という超高圧ウォータージェットのデモンストレーションを見てからでした。名前につく数字の「2000」とは、2,000kgf/㎠（工学気圧）を示し、約200MPaの圧力が出せるという意味です。これは「はじめに」でご紹介したピンヒールを履いた象に踏みつけられるくらいの力の水圧です。このような圧力を直径2㎜程度の細いノズルから吹き付けることで、さまざまな素材が切れてもおかしくない力になるのです。

　鉄などの硬い物質を切断するには、水の力だけでは時間がかかりすぎるので、作業効率を上げるため、研掃材（一般的な研磨材と同じものです。英語ではアブレーシブと言います）を水に混ぜて同時に吹き付けます。これは砂粒のような細かい粉で、今のところガーネット（柘榴石）の粉が最も効率が良いことがわかっています。

　単純に圧力が高ければ高いほど良いかというとそうではありません。現場で利用できる機材や用途、コストなどの兼ね合いで最適な圧力を選択します。

ウォータージェットが日本に輸入されるまで

　ウォータージェットについて詳しくご説明させていただく前に、ここで世界的な

ウォータージェットの歴史についてご紹介しておきたいと思います。

　ウォータージェットは19世紀後半、英国で砂利を掘るために利用されたのが始まりで、産業界において初めてウォータージェットが利用されるようになったのは20世紀初頭、土砂と石炭をより分けるために100kgf/㎠の水が利用されたことがきっかけでした。ロンドンにおいて第二次世界大戦復興のため、下水管再生にウォータージェットが利用されるようになると、さらに高圧・大容量化が進んでいったのです。

　1950年当時、日本においては生産設備に付着する汚れ（スケール）を確実に除去するため、英国より電動式チューブクリーナーが輸入されていましたが、米国ではその頃、チューブクリーナーに替わって高圧水を利用するウォータージェット工法が広く採用されるようになっていました。1961年、これが日本に輸入されたことで日本におけるウォータージェットの歴史が幕を開けたのです。

　1960年代半ばに国内においてもウォータージェットの普及が進み、1980年代になるとさらに高圧な1,000kgf/㎠時代に突入しました。当初輸入に頼っていた高圧洗浄機も後に国内での技術開発が進み、高圧洗浄機の周辺機器開発に合わせて、さらなる大容量化が進んでいったのです。

日進機工の歩み

　私たちがなぜウォータージェットに取り組んできたのか、その理由を知っていただくために、私たちが歩んできた50年の歴史についてお話しします。

　当社はちょうど日本にウォータージェットが輸入された頃、1965年2月に創立されました（当時の名称は、「中部日進クリーナー商事株式会社」）。発足当時は一時

的な不況に見舞われ大変な苦労をしましたが、1965年11月から1970年7月まで、57カ月もの長期間続く「いざなぎ景気」が始まり、成長の波に乗ることができました。

　また、トヨタ・カローラなどの大衆車の発売によってマイカーブームが起こり、東京オリンピックを契機にカラー放送が本格化したことでカラーテレビの普及率が急速に高まってきました。これにクーラー（エアコン）を加えた新三種の神器は、それぞれの英語の頭文字を取って「3C」と呼ばれました。当時の庶民の夢は働いて3Cを手に入れることでした。それは消費の大幅な伸びを呼び込み、これがまた所得の向上につながるという好循環が続いたのです。

　元来「中部日進クリーナー商事」は、洗浄機器の販売事業を手掛けていましたが、お客様先であるメーカーは、好景気により生産に追われて保全業務が追い付かなくなったため、次第に洗浄メンテナンス工事の仕事が増え、やがて工事のほうが業務

▲ 1970年頃　車両に搭載したウォータージェット。車体から日進クリーナーの文字が読み取れる

の中心になっていきました。

　このとき、創立者である林繁藏（現会長）はこう考えるようになったといいます。「配管メンテナンスの仕事をする以上、設備のドクターにならなければいけない。ドクターとして症状を的確に診断し、正しい治療を施し、さらにアフターケアの助言もしなければならない。そのためには、ユーザー企業の担当者と常に意見を交わしながら作業を進めていかなければならない」この「設備のドクターになる」という考え方は、今でも当社の理念となっています。

「設備のドクター」であるために当社が選んだ道は、エンドユーザーとの直接取引でした。元請けが間に入るとユーザーとの意思疎通に支障をきたし、良い仕事も良い提案もできなくなると考えたからです。現在の当社のお客様の中には、トヨタ自動車や新日鐵住金などの大手企業が名を連ねています。当社は社員が10名足らずだった頃から、これらの会社に直接取引をお願いしていました。

　トヨタ自動車へは十分な信頼を得られるまでの数年に渡って、豊田通商を通して仕事をいただけることとなりました。後に、パイプクリーナー装置や部品などの機器販売については豊田通商経由の納入を続け、一方メンテナンス工事に関してはトヨタ自動車と直接取引をいただくことになったのです。

　トヨタ自動車での直接取引業務の評判は、その後の新規顧客開拓の大きな推進力となり、東海製鐵（現、新日鐵住金名古屋製鉄所）や四日市市の石油化学コンビナートにプラントをもつ企業などと取引をいただくきっかけになりました。

ウォータージェットが導入されるまで

　ウォータージェットが導入されるまで、当社ではパイプクリーナーなどのメカニカル（機械）工法と呼ばれる、先端が回転する装置を用いた洗浄作業をしていました。メカニカル工法自体は低コストである上、当時のウォータージェットでは硬くて落とせないスケールでもほぼ完全に除去できていました。対象物の条件によっては現在でもメカニカル工法が指定される場合があります。

　洗浄には、この他に化学薬品を使用する「化学洗浄」、ポリウレタンや金属などを素材とする、球もしくは円筒状の素材（ピグ）を水または空気で押し込む「ピグ洗浄」、超音波でキャビテーションを発生させる「超音波洗浄」、汚れを真空ポンプで吸い取る「吸引洗浄」（通常は高圧洗浄などの後処理として実施する）などがあります。

　当時、自動車工場や製鉄所と同様に、四日市市の石油コンビナートにプラントを持つ数々の企業も主要なお客様でした。それらの石油プラントではウォータージェットの採用が既に始まっており、当社がウォータージェットを導入する契機ともなりました。

　石油プラントには熱交換器という設備が必ず存在します。身近な熱交換器としては、自動車のラジエーター、浴場のボイラーなどがあります。家庭やオフィスのエアコンも立派な熱交換器です。

　プラントの熱交換器にはたくさんのパイプを束ねた構造をもつ大型の設備が多く、その洗浄には当社のメカニカル工法も採用されていました。石油プラントはで

▲創業当時に活躍したチューブクリーナーの装置

きるだけ火気を使用したくないところです。メカニカル工法は火花が散ることもあるので、限定された場所の洗浄だけを当社が担当していました。

　事業の範囲を広げていきたいと考えた現会長の林繁藏は、当時としては大きな買い物だったウォータージェット洗浄機の購入を決意しました。

ウォータージェット１号機の導入

　当社がウォータージェットを導入したのは1970年、大阪で万国博覧会が開催さ

れた年です。当時は「切断」ではなく、配管を洗浄するために導入しました。「洗浄」は、当社が創立以来携わってきた仕事であり、現在も主要業務のうちの一つです。

　当社が導入したウォータージェット第１号機は、最高使用圧力が 300kgf/㎠で吐出水量が毎分 60ℓ というものでした。どれぐらいの能力か想像できますか？

　まだウォータージェットの操作に慣れていなかった当時、高圧水が作業員の足に当たってしまい、ゴム長靴を貫通して負傷するという事故がありました。急いで医者に見せたとき、「水でこんなけがをするはずがない」と信じてもらえなかったというエピソードが残っています。45 年前の機械でもこのぐらいの能力があったということです。

　購入した当時、当社にはウォータージェットのノウハウはなく、技術的にも営業的にも手探りの中、事業を進めていきました。作業員も操作に慣れるまでにしばらく時間がかかりました。当初は石油プラントの定期メンテナンスで多く使用されていましたが、自動車工場での塗装ブースの洗浄に大きな効果があることに気がつき、こちらでも使われるようになりました。

ウォータージェットの広まり

　当社は常に現場で作業をしているため、ノズルなどの先端装置の改良、開発のアイデアが次々と湧き、そのアイデアを実用化するため自社開発に取り組んでいました。これに伴ってウォータージェットの需要が大幅に増加したため、1972 年には新しいウォータージェット「アチューマット 1502P35 型」を購入し、次々と入る受注に対応していきました。これは、ドイツの WOMA 社製のプランジャーポンプといすゞ

▲ 1975 年以降に当社が導入したウォータージェット

▲後方へ噴射するノズルを管内洗浄に用いる

製のエンジンを組み合わせた装置です。吐出圧力420kgf/c㎡(約42MPa)、吐出水量毎分140ℓという性能を発揮して、洗浄工事が大幅に効率化されました。この装置の購入により、現在も続くWOMA社との関係がスタートしたのです。

その後、技術開発も営業も順調に推移し、1973年、1974年に1台ずつ、1975年からは、半年から1年に1台のペースでウォータージェットを増やしていきました。これらのウォータージェットの導入により、事業も全国規模になっていきました。そこで1972年12月には社名から「中部」を外して、「日進クリーナー商事株式会社」と改称。その後、1975年8月には現在の「日進機工株式会社」となりました。

昭和50年代(1975〜1984年)は、体制強化を図った時期だったと同時に、当社ならではの販売戦略とセールスポイントが確立された時期でもありました。

この頃、全国各都市での下水道の整備が進み、下水道の洗浄にウォータージェット工法が取り入れられるようになりました。それまでは大都市圏や四日市市をはじめとする石油化学プラントという限定された業務で用いられていたウォータージェット工法が、これを契機に日本全国に普及したのです。

このような追い風の中、当社は購入したウォータージェットを工事に活用するだけでなく、ポンプ以外の周辺機器も含めたウォータージェット装置販売を主に協力会社に向けて行うようになりました。その結果、昭和50年代の終わりには、当社と協力会社を合わせて30台以上のウォータージェットが稼働するようになりました。そして、洗浄業界への装置販売台数は、1995年までの20年間で約200台にまで及びました。

洗浄メンテナンス工事など、現場で会得したノウハウを装置設計に組み込むことで、用途に応じた洗浄ノウハウをユーザーに提供できる ── これが、ウォータージェット装置メーカーにはない、日進機工の今も続く強みなのです。

環境に優しい「工具」としての進化

　1987年には、最高使用圧力1,000kgf/㎠で毎分約240ℓの能力をもつWOMA社の「スーパージェット1000」という装置を導入しました。これは特に大口径配管の洗浄で活躍しています。

　1990年代に入ると洗浄だけではなく、硬いものを削ったり、砕いたり、切ったりというさまざまな用途にもウォータージェットが使えるようになりました。1991年に導入した「エコマスター2000」は、2,000kgf/㎠の圧力で毎分20ℓという能力。最新の機種「エコマスター・マグナム」では245MPa（2,500kgf/㎠）で毎分26ℓという能力まで達しています。ウォータージェットの能力向上に伴って事業が拡大したことを考えれば、この2製品の登場は、当社にとってはエポックメーキングといえるものでした。

　当時よく知られていた未来学者アルビン・トフラーの著書『第三の波』になぞらえて、私たちはこの2製品の登場を、洗浄メンテナンスの「第三の波」と呼びました。

　私たちの事業における「第一の波」というのは、戦前から続く手作業中心の工法を指します。これには、メカニカル工法などが該当します。

「第二の波」は、日本では1965年頃から始まるウォータージェットの導入と普及です。20～70MPaの吐水圧力で、下水管洗浄や熱交換器のチューブ洗浄などの洗浄作業が主な用途です。

「第三の波」は、水を洗浄作業だけではなく、「工具」としてより積極的に利用するというものです。洗うだけではなく、削る、砕く、切るなどの幅広い用途に水の力が使われるようになりました。100MPaを超える水圧力がこのことを可能にしたのです。

これにより、今までウォータージェットでは不可能だったことが可能になったり、コスト面に課題があったことをクリアして提案できたりするようになりました。しかも、水を使うので、環境に優しいという特長もあります。そして実際に「第三の波」によって、当社はさまざまな分野に進出していったのです。

阪神・淡路大震災で見直された水の力

　ウォータージェットが建設・土木分野で採用される契機となった出来事がありました。

　1995 年は日進機工の創立 30 周年の年で、阪神・淡路大震災が発生したのは、2月1日の創立記念日を迎える少し前でした。マグニチュード 7.3 の直下型地震で、神戸の中心街や淡路島で震度 7 を記録。4 万 3,000 名を超える死傷者と約 64 万棟の住居に被害が生じた大災害となりました。

　道路や橋梁、水道、ガス、電気など社会インフラの損害も甚大でした。阪神高速道路が横倒しになった映像を覚えている方も多いと思います。一般市民にもショッキングな出来事でしたが、国土交通省や日本道路公団（現、NEXCO）をはじめとする道路関係者は事態をさらに重く受け止め、これを期に、高速道路の橋脚を補強しようという機運が一気に高まりました。

　コンクリートの柱を補強する工法として、元の柱をより太く厚みを増す方法がありますが、単純にコンクリートを打設することはできません。新しいコンクリートを付けても簡単に剥がれてしまうのです。コンクリートの表面をわずかに削り落した後、新しいコンクリートを打設します。また、既にもろくなっている部分があれば、その部分を砕き取ってから新しいコンクリートで補修する必要もあります。

▲阪神・淡路大震災により横倒しになった阪神高速道路（写真提供：時事通信）

　道路公団などでは、道路や橋梁の補修は以前から実施していたのでさまざまな工法を検討していました。当初の問題は、機械的な工法でコンクリート表面を削ろうとした場合は大量の粉塵が出ることでした。この点、ウォータージェットなら、水で削るので粉塵は出ません。そのため、ウォータージェット工法を検討することになったようです。

　当時、当社には道路・橋梁補修の国内での実績はありませんでした。ウォータージェットでコンクリートを表面処理した場合の付着強度が十分なのかを試験する必要がありました。コンクリートを打設して固めた後に円筒の深い溝を切り、ジャッキを取り付けて、引っ張っても剥がれないかどうかというテストを何度も何度も繰り返しました。この結果、十分な付着強度があるということが証明され、ウォータージェットが橋梁の補修・補強という新たな分野で活躍できるようになったのです。

　この時、「エコマスター2000」を導入して既に5年が経過していましたが、超高

圧ウォータージェットの活用分野をまだ模索していた時期でしたので、用途が実証される契機となりました。この後は橋梁だけではなく、トンネルや道路の補修・補強工事も受注していくようになり、建設・土木分野でもウォータージェットが知られるようになったことで、「第三の波」は現実のものとなりました。

ウォータージェット4つの工法

ここで、現在、当社がウォータージェット工法で手掛けている業務内容を整理しておきます。

「洗浄」は製造工程などで付着してしまった汚れを落とす仕事です。ウォータージェット以外の工法もまだまだ残っており、用途に合わせて使い分けています。

「剥離」は主にタンクや配管内面のライニング（腐食・摩耗を防ぐための内貼り）を剥がしたり、鉄道車両の塗装を剥がしたりする、いわゆる「剥がす」仕事です。洗浄との境界に明確な定義はなく、100MPa以上の超高圧での作業は剥離、それ未満なら洗浄と定義する人もいます。実際、超高圧ウォータージェットが登場してから、従来のように研掃材を使用しなくても水のみで作業が可能になりました（それ以前には研掃材と水を混ぜて吹き付けて剥がすということをやっていました）。しかし、超高圧でも「洗浄」としか表現しようのない仕事も存在します。本書では、製造工程などで意図せず付着してしまったスケールなどを落とす作業を「洗浄」、ライニングや塗装など人間が意図して塗着させたものを落とすのを「剥離」としました。

「はつり」は多くの方には聞き慣れない言葉だと思います。漢字にすると「斫り」です。「斫」という文字には、壁を打ち砕くという意味があります。主に建設業界の

▲コンクリートをはつり、橋台を補強する

用語として、コンクリートを砕いて除去するという意味にも使われています。

「はつり」と「剝離」の境界も不明確で、建設に関わる技術の言葉として、コンクリートを5cm砕き取るのははつりだが、コンクリート強度の境界となる表面だけ取るのであれば2cmでも剝離だという見解もあります。

　本書では、建設分野で主にコンクリートを削ったり、砕いたり、孔を開けたりすることを「はつり」ということにしました。

「切断」についてはあらゆる分野で適用可能ですが、当社が主に手掛けているのは、製鉄所や化学プラントなど火気厳禁の場所がある分野や、建設現場など粉塵対策が必要な分野となります。

　これらウォータージェット技術の詳細について、第1章から第4章でご説明していきたいと思います。

日進機工のウォータージェット工法における業務内容と産業分野

産業分野	洗浄 第1章でご紹介	剥離 第2章でご紹介
自動車産業	化成・塗装ラインの硬質スケール除去や ハンガー・台車の塗料除去 	タンク・配管の塗装・ライニング剥離
製鉄産業	熱交換器・加熱炉配管の カーボンスケールや硬質スケール除去 	タンク・ライニング剥離やデスケーリング
電力・エネルギー・化学産業	熱交換器・加熱炉配管の 硬質スケールや樹脂スケール除去 	タンク内外壁・反応炉・ライニング剥離
建築・土木・鉄道産業	ビル外壁、路面の洗浄 	道路・橋脚のコンクリート表面研掃

産業分野	はつり 第3章でご紹介		切断 第4章でご紹介	
自動車産業	プラント設備の構造物部分撤去やコンクリートはつり		火気厳禁エリアのタンク・配管解体	
製鉄産業	プラント設備の構造物撤去・移設やコンクリートはつり		火気厳禁エリアのタンク・配管や鉄骨構造物解体	
電力・エネルギー・化学産業	プラント設備の構造物撤去・移設やコンクリートはつり		引火性構造物・火気厳禁エリアのタンク・配管・煙突切断	
建築・土木・鉄道産業	地中壁・道路のコンクリート床版・橋脚のはつり		橋梁・鋼構造物や道路のフィンガージョイント切断	

column

圧力を表す単位

　圧力の表記と、読み方について見ていきましょう。

　「bar」、これは「バール」と読み、英語圏なら「1bar ＝ 1 気圧」として通じます。「1 気圧を掛けるってそもそもどういう意味だろう？」と思われる方もいらっしゃると思うのでご説明しておきます。

　平らな小さな面積に「おもり」を載せることをイメージしてみてください。

　1kgの重さを 1cm²の正方形の内側に載せた時の圧力、これが「ほぼ」1 気圧です。なぜ「ほぼ」なのかというと、「工学気圧：at」という単位であれば、そのまま 1kgf/cm²（キログラムフォースパー平方センチメートル）ですが、前述の「bar」では、少し換算値が異なるため、ここでは「ほぼ」1 気圧と表現させていただきました。

　本書で水圧を表す単位として使われるのが「MPa」です。

　「Pa（パスカル）」という単位の 1,000 倍が「kPa（キロパスカル）」。そこからさらに 1,000 倍、つまり 100 万倍したものが「MPa（メガパスカル）」です。

　水圧の場合、気圧に比べて高い圧力の範囲を説明することが多いので、「MPa」が標準になっているとお考えいただければと思います。

　水圧の世界でも従来「〜気圧」という言葉がよく使われていました。輸入したポンプの出力表示として「bar」が使われていたので、これをそのまま「気圧」と読み替えるのが自然な流れだったためです。

　一方「気圧」と称する場合、日本では工学的な設計単位として「at ＝工学気圧」を使っていたため、表記としては「kgf/cm²」が広く用いられてきました。同じ気圧でも「at」と「bar」はわずかに異なります。このため「kgf/cm²」を用いていた我が国では、結果的に三つの表記が混在することとなりました。

　ちなみに水の力は、水圧と水量のバランスで決まります。現在では、200MPaを超える高圧装置を主に使用し、用途に応じて水量を変化させています。

水圧を表す単位表

kgf/cm²	bar	MPa
1.02	1	0.1
10.2	10	1
1,020.0	1,000	100
2,040.0	2,000	200

第 1 章

超高圧水で
どんな付着物も洗い流す
「洗う」技術

ウォータージェットでの「洗浄」

「洗う」、あるいは「洗浄」というと、どのようなことをイメージしますか？

一般に「洗う」というと、洗濯や食器洗いなどで汚れを落とすことをイメージされるでしょうか。一方で「洗浄」という言葉からは、もう少しハードに洗うことをイメージされるかもしれません。

当社が提供する「洗浄」技術は、プラントや発電所にあるさまざまな装置にこびりついた「特殊な付着物」を落とすために使われています。「特殊な付着物」の例としては、水を加熱・冷却する装置の管の内部に、水に潜んでいた成分が付着したもの等があります。他にも高熱で溶けた鉄の成分が冷えて付着したものや、塗装の際に霧のように飛散した塗料など、固まると簡単には落とせない付着物ばかりです。

産業分野ではこのように落としにくい付着物の柔らかいものを「スライム」、硬いものを「スケール」と呼び、「洗浄」の対象としてさまざまな手段を選んで対処します。設備を運用していて、仕方なく付着してしまうものですが、そのままにしておくと運転のエネルギー効率が悪くなり、設備の異常を招く恐れもあるので、適切に対応しなくてはなりません。

次章の「剝がす」では、「人為的に塗布（施工）された塗装やライニング」が古くなり、機能が劣化した場合の除去方法を詳しくお話ししますが、この章では「産業洗浄」と呼ばれる、「望まない、さまざまな付着物を取り除く」という目的と、それを果たすための特殊な作業についてご説明します。

当社は給排水や熱交換器などの「配管洗浄機器」の製造・販売でスタートしてい

ますが、その初期から洗浄メンテナンスを工事として受託する業務に取り組んできました。創業者である林繁藏（現会長）は洗浄技術の多様化に自社として取り組みながら、1975年の日本超高圧洗浄協会（現、日本洗浄技能開発協会）の創立から関わり、「洗浄」全般を、当社を含む業界のコア技術として発展させてきました。

　この章では、そんな「洗浄」技術について、プラントや自動車工場、製鉄所での業務を中心に紹介したいと思います。そこで、ウォータージェット洗浄が登場する以前から活躍する技術に触れた上で、ウォータージェット技術の少し細かい分類もご紹介していきましょう。

　ウォータージェットは1970年代から普及してきましたが、それ以前にはどのようなやり方で洗浄をしていたのでしょうか？

　当社が配管の内面洗浄メンテナンス工事に着手した当時主流だったのは、序章で写真をご紹介したような、スケールを削っていくメカニカル（機械）工法というものです（18ページ参照）。

　プラントには、次ページの写真のような多管式熱交換器という装置がありますが、これは配管（チューブ）を束ねた構造で、その内部にスケールが付着して性能が徐々に不安定になってしまいます。そのため、定修工事（SDM：シャットダウンメンテナンス）のタイミングに合わせてプラントが機能を止めている期間に洗浄するのですが、洗浄の際にこの配管内面のスケールを1本ごとに除去しなくてはなりません。ウォータージェット導入以前は、これを「電動ボイラーチューブクリーナー」という機械を使って削り落とすメカニカル工法が主流でした。

　束ねられたたくさんの配管が設備の熱交換性能を満たすように、お互いの配列や太さが厳密に設計されています。スケールの付着で液体の流れが妨げられると本来

▲多管式熱交換器
（シェル・アンド・チューブ・タイプ熱交換器）に付着したスケール（左は施工前、右が施工後）

　の性能が発揮できないため、内部を1本1本磨き上げる必要があるのです。また配管の材質もさまざまなので、スケールを取り除く力の入れ具合では、配管が損傷してしまう恐れもあります。このため、さまざまな形状の先端を挿入して研磨するメカニカル工法や、スケールだけを丁寧に溶かし出す「化学洗浄工法」を適切に選び、組み合わせて施工するようになりました。

　1970年代以降、そうした「メカニカル工法」、「化学洗浄」に加わる形で、ウォータージェット洗浄が日本でも取り入れられるようになりました。ウォータージェット

洗浄は、30MPa（約 300kgf/cm²）という圧力を用いて行います。これは自動車のコイン式洗車場にある洗浄機の約 4 倍の圧力ですが、それでもなかなかスケールを落とすことが難しい場合もあります。配管の内部に、どのように水を当てるのかは、後ほど写真を交えてご紹介します。さまざまな目的と構造をもった熱交換器がプラントで稼働しています。それらに付着した特殊なスケールでも効率的に落とすことができるよう、現在では 200MPa を超えた圧力の水を噴射する装置も用いられており、ウォータージェットでの熱交換器洗浄は、従来の工法と共存しながら普及し、その重要性を増していっています。

熱交換器のメンテナンスでご相談をいただく

　熱交換器は、産業にとって大変重要な装置です。そこで、「洗う」というテーマからはちょっと外れますが、その重要性について少し付け加えさせてください。熱交換器の効率が下がると生産効率が大きく低下し、場合によっては工場の操業を停止しなければならないことさえあります。一方、大型で高価な設備である熱交換器は、不具合があってもすぐに交換というわけにはいきません。

　そのため、プラントを管理する方々は、熱交換器の稼働状況を常にチェックしています。プラントの稼働効率が下がることが想定される場合、熱交換器を含む設備メンテナンスを承っている当社に相談がもちかけられます。相談内容はさまざまで、「不調の原因がわからない、思い当たることはないか」といった対応策のご相談や、時には、「ずっとメンテナンスをしなくてよくなるような方法はないのか」というようなご相談もあります。

「メンテナンスが不要になる方法探し」とまではいきませんが「メンテナンスの期間を延ばしたい」というお問い合わせなどは、我われの業務が減るということも認識した上で、真剣に調査して回答しています。お客様の理想を実現していくことが我われの責務だと考えるからです。

多管式熱交換器チューブの超高圧フレキ洗浄

前述した多管式熱交換器の配管は、一直線に数m先の出口まで続いているものもありますが、1本がU字を描くように、入り口側に戻ってくるものもあります。構造に応じて洗浄方法もさまざまあるのですが、ここではウォータージェット洗浄の装備と手順をご紹介しましょう。

私たちが「フレキ洗浄」と呼んでいる、先端に特殊ノズルを装着したホースを配管に送り込んでいく洗浄工法です。まず、ノズルとホースの「太さ」は、配管に入ることが基本です。その上で噴射力を配管の内面と進行方向前後にどのように振り分けるかを、洗浄したい設備の状況に応じて選びます。スケールの付着状況をよく観察して、辛うじて通過できる孔径が続いているのか、ほとんど塞がっているのかを確認しながら、前方や斜め前方への噴射を選びます。配管内面へ衝撃力を与えるために、円周状に数個の孔から噴射する必要もありますし、ホースを引き戻しながらスケールを手前に排出させるためには、斜め後方への噴射も必要になります。ちなみに後方噴射の比率が少ないと、フレキは配管内部を前進することができません。硬いスケールを破りながら進むための推進力が必要になるため、引き戻す際には、それに勝る力で引っ張らなければならず、大変な力仕事となります。

ウォータージェットのポンプから、作業者の足元までは、圧力や水量の損失がないように、しっかりと太いホースで高圧水が届けられます。噴射を制御するフットバルブ（ペダル式）などを操作しながら、配管の長さだけ挿入することができるフレキ（ノズルを装着したランスと呼ばれる短い直管と、細く長いホース）を配管に送り込み、先端が配管の一番奥へ届いたのを確認して引き戻す作業が始まります。1本、また1本と、すべての配管を丁寧に素早く洗浄していきます。作業の条件として、何回フレキを通過させるかによって、洗浄品質を確保する場合もあります。

　洗浄の際には、39ページの写真のように配管の束の正面に構えて、1本1本の細い管にノズルを挿入する作業を始めます。ノズルから噴射されている水を止めることなく、次々と送り込み、引き戻し、隣の配管へと作業を進めていきます。噴射水に手をかざすことがないように装着されているのが、ノズルとホースの接合部分のランスです。フレキを引き戻し切った際にはランスをしっかり握って、隣の配管に挿入する作業を繰り返します。

熟練作業員の匠の技

　配管の洗浄工事は、設備ごとに非常に多様な需要がある仕事であり、今なお重要な事業分野の一つです。プラントや工場で配管のないところはありません。今度は、工場内に長距離に亘って設置された、冷水や温水、蒸気や燃料といったライフライン配管の洗浄について見ていきましょう。配管には曲がっている箇所もあります。曲がり部分を通過して、内部を洗浄していくためには、フレキに装着されるノズルを、さまざまな噴射方式の中から選んで使用します。

◀ 前方へ一直線と後方へ斜め
全周方向に噴射するノズル

◀ 前方へも斜めに全周方向に
噴射するノズル

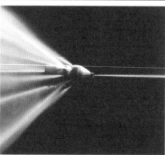

◀ 後方へより多くの噴射をし
て洗浄しスケールを排出す
る

フレキの先端にさまざまな噴射方向をもったノズルを装着。
写真右側へ向かって配管内部を前進し、引き戻す（後進する）際に一気に排出する

▲多管式熱交換器チューブの洗浄の様子。1本1本すべてのパイプを洗浄する

　複雑な設備の場合ではノズルを3カ所ぐらい配管の曲がりに対応して通過させる必要があります。実はこの作業は熟練作業員にしかできません。一般の作業員がやっても、せいぜい2カ所までしか通過させられないものです。さらに、配管内部のどこにスケールがあるか、透明な配管なら目で見て確認できますが、現場にある配管は金属でできているもの。中は見えないので、洗浄以前にスケールを探ること自体が大変なのです。

　しかし、熟練の作業員なら、まるでフレキの先端に目があるかのようにすぐに見つけ出します。作業中に胃カメラのような小さなカメラを入れても、噴射中は視界

が得られず実用的ではありません。作業前にカメラを入れて、スケールの状況を確認しておいて、再度、完了検査のカメラを通すことが一般的ですが、それでも洗浄作業の仕上がりは、フレキを前後させたり、引き戻す際の噴射水から得られる手応えと、排出される水の流れ具合で確認しています。ここで、熟練の作業員であれば、スケールが残っている箇所をほぼ特定することができてしまうのです。フレキを巧みに操り、スケールを100％回収するのはやはり、熟練作業員の技といえるでしょう。

さまざまな洗浄方法

　ここまで、「管の内面」を洗浄する「フレキ洗浄」をご紹介してきましたが、洗浄用には他にどのような噴射装置があるのでしょうか？

　これも業界独特の表現ですが、「直射洗浄」と呼ばれる方法もあります。これは、洗車場などで一般的な「洗浄ガン」のノズルから前方に噴射するものです。

　狭い意味では、まさにストレート１本の水を撃つものになります。広義の「直射洗浄」としては複数ノズルが前方で回転（スピン）するものなども含めて良いかもしれません。

　こうした直射ガン・回転ガンだけでなく他にもさまざまな噴射装置が活躍しています。自動車工場の塗装ラインでは、塗装ブースのスノコを洗浄するという仕事もあります。工場の操業スケジュールに合わせて、１週間ごとにスノコの洗浄工程を組んで作業します。

　細かい塗料と空気の流れを整えるために、塗装ラインの床面スノコは大切な設備の一部です。この金属製のスノコに付着している塗料を洗浄するために、30MPaの

▲直射ガンにより、発電所で燃料ガス気化器を洗浄する

高圧ウォータージェットの時代から「スノコ洗浄ブラスター」と呼ぶ、下向きの回転式噴射装置を用意して定期的な洗浄に対応してきました。

　現在では、金属製スノコが素地のままである場合と、付着を抑えるコーティングがされている場合の2種類があります。コーティングがしてあるスノコは塗料が落ちやすいため、20MPaの比較的低い水圧できれいになります。

　コーティングしていないスノコであれば、100～200MPaの超高圧水が必要となり、専用のブラスターを使います。このとき、200MPaにより近い超高圧水を用いることで、噴射水量を減らすことができます。

▲扇形噴射ノズルを装着した直射ガンで、発電所の部品を洗浄する

▲スノコに付着した硬い塗料

▲柔らかく粘りのある塗料

▲コーティングされたスノコに、比較的低い水圧のブラスターを用いた洗浄工法

▲ 200MPa のブラスターを用いて、低水量化を図りながら効率を改善したスノコ洗浄

　洗浄工事の時間と使用する水量を減らすために、設備ごとの特徴を考えながら、作業効率を高めていく努力を積み重ねています。

自動車工場での塗装用台車の洗浄

　自動車工場の塗装ラインでは車両の塗装をするとき、組み上がったままの自動車のボディーを大きな台車に載せて運びます。ボディーが塗装ブースの所定の位置に来ると、ロボットが塗装を始めるという仕組みです。

　ラインを周回する台車は、新たなボディーを載せて何回も塗料を吹き付けられ、徐々に塗料が厚く重なっていきます。こうした状態になると付着した塗料が思わぬ衝撃で剥がれ、塗装中のボディーに付着する恐れや、台車の機能を妨げて、品質低下の原因となる可能性があります。車種やラインによって異なりますが、1カ月から2カ月に1度という頻度で台車の塗料を剥がし落とす必要があります。

　20年ほど前ですと、強い溶剤を加熱した槽に台車を長時間浸漬させて塗料を溶かし、水洗いしていました。

　しかし、この方法には、いろいろとデメリットがあります。

　まず、薬品自体もかなり高価なものです。溶剤は加熱する必要があり、そのためのコストが掛かります。最低一晩という浸漬時間が必要なため、作業工程が長くなっていました。

　さらに溶かし出した塗料と溶剤が混ざったものを産業廃棄物として工場から持ち出さなくてはいけません。樹脂と薬品の成分を分離してリサイクルするために、ここにもコストが掛かります。

　超高圧ウォータージェットを用いることで、これらのデメリットが一気に解決されると期待されました。まず、1台あたりの洗浄時間は平均で30分に短縮。台車の大

きさや形状が異なる、大型車両向けでも１時間ぐらいで終了です。一晩が30分から１時間に短縮されたのです。

　自動車メーカーはウォータージェットを利用するという選択肢が加わったことで、溶剤洗浄に必要なコストや廃棄物の分離処理費用とを比較しての採用を検討できます。工場の設備規模や生産増強に応じた、設備保全計画の幅が広がりました。

　その中でも最も大きな効果は、産業廃棄物が「削ぎ落とした塗料だけ」になったということです。当初、洗浄かすを水から分離することのほうが、溶剤からの分離よりも工場内で簡単に行えると評価されました。さらに、乾燥させれば廃棄物を少なくできることが喜ばれました。近年では回収した樹脂をリサイクルできるので、ウォータージェット洗浄は、価値のある資源回収方法ともなっているのです。

台車付着塗料の落とし方

　200MPaの「エコマスター2000」登場とほぼ同時に、当社では自動車メーカーへ塗装台車洗浄の提案を始めています。ラインから持ち出された塗装用台車をお預かりし、洗浄業務に着手することになったのです。

　実際の塗装用台車に付着している塗料は、種類も固まり方もさまざまです。海外の事例に倣うだけでは、実用化は簡単ではないと覚悟して取り組みました。さまざまなガンやノズルの組み合わせを準備し、作業者が操作する手順にも工夫を重ねて、１日に洗浄できる台車を増やしていきます。コストメリットが認められるためには、これに見合う効率が要求され、前にお話しした、１台あたり30分を切るという実績が得られました。

▲回転ガンを操作する作業者による塗装用台車洗浄

　塗装用台車は自動車のボディーを載せて、塗装から乾燥工程へと通り抜けていきます。その間、ボディーを塗装機や除塵装置に対して寸分違わぬ位置で保持し続けるために、ゆがみは決して許されません。乾燥炉の高温にも耐える構造をもっていますが、私たちが洗浄作業を行う間に、無理な力を加えてはなりません。ボディーを保持する正確な位置を得るための突起物なども、塗料が付着しやすく洗浄が難しいポイントでした。台車の裏表や突起物の隅々まで洗浄するために、角度を変えて保持する装置などを工夫して、作業手順の改良を続けました。

　私たちの努力だけではなく、設備の改善により製造品質を高めようとする自動車メーカーの意欲に後押しされて、国内での評価が急速に高まりました。欧米では台車洗浄をマニピュレーターで操作する半自動化や、プログラムされたロボットによる

▲台車に対して向き合う2台のロボット。小型化された回転ガンを装備

自動化が進んでいたことから、これに倣って国内でも設備の導入が進みました。エコマスターに搭載される同型の超高圧ポンプを用意し、作業者のノウハウをロボットにプログラムして、異なる車種用の台車にも対応する洗浄ブースを設計しました。

　ロボット化すると、作業者が洗浄ガンを操作する場合と大きく異なる条件が出てきます。台車に対して、作業者であれば噴射する立ち位置を、左右いずれにも切り替えることができます。水を扱うブースでロボットをベースごと移動させるのは難しいことでした。その代わりに2台のロボットに回転ノズルガンを持たせて、台車に対して向かい合うように、左右同時に作業できる位置に配備しました。噴射中はブース内が水蒸気でほとんど何も見えなくなってしまいますが、ロボットであればこそ、プログラムされた通りの動作をしますので、互いが誤って噴射水を受けてしまうこと

もありません。

　設備全体での噴射量を毎分 20ℓ に設定し、写真のように防水ジャケットを着た 2 台のロボットが、「2 孔ノズル回転ガン」をそれぞれ 1 丁ずつ持ちます。両側のロボットが各 10ℓ の噴射を受け持ち、台車の上面から作業を開始して 15 分弱で完了。ハンガーが台車を天井近くまで吊り上げている間に、今度は下側の塗料を洗浄していきます。10 分程で下側がきれいになると、台車はレールに再び降ろされて、シャワーをくぐり、ブースから送り出されていきます。

　当時、英国に進出したトヨタ自動車は、現地新工場に台車洗浄用ウォータージェット設備の採用を決定しました。1992 年の 7 月にはドイツからポンプを現地に送り、ロボット洗浄ブースの設備工事に取り掛かりました。49 ページの写真は、台車を走行させるレールを中央に配した、約 60㎡ の洗浄ブースの組み立てに取り掛かった様子です。

　制御室には、ポンプ、モーター、電源とポンプの制御盤、ロボット制御盤、給水タンク、スラッジ回収装置などが並びます。半年ほどを掛け、現地のスタッフと作

▲腕を伸ばし台車の隅々まで洗浄

▲台車を吊り上げて下側を洗浄

▶建設中の洗浄ブース　天井中央部分にハンガーが見える

▶配電盤を組み立て中　手前には左からモーター、超高圧ポンプ（白色）、給水装置が並ぶ

▶塗装工場用ポンプレイアウト

業を進め、設備を立ち上げることができました。

洗浄技術の今後の方向性

　私たちは、今後より一層、ウォータージェットを安心・安全にご利用いただくための努力を続けていきます。そしてそれと同時にウォータージェットのメリットをさらに引き出していくための努力を続けていきたいと考えています。

　今後、洗浄技術は大きく二つの方向性に進んでいくことが予想されます。一つは、環境に配慮するため、超高圧を活かして、使用される水量をより少なくしていくという方向性です。そのためには、超高圧の噴射装置の性能と操作性を高め、より少ない水量で作業ができる環境を整えていかなければなりません。もちろん、より高い水圧が必要になれば軽くて作業性の良い安全保護具も必要となり、これらの配備にも注力していく必要があるでしょう。

　もう一つの方向性は「ロボット化」です。作業効率の改善や事業規模の拡大のためには、熟練作業員と同等の技術を操ることのできるロボットを開発し、配備を進めていく必要があります。このように、これからも私たちは社会の要求に適応していきたいと考えているのです。

ウォータージェット水の反力

ウォータージェット工法は、加圧された「水」をノズル先端から吐出し、音速を超えるスピードで噴射水を対象物へ衝突させることで、コンクリートを切断したり、砕いたり、塗装を剥がしたりする工法です。

いわば、「水」を工具として使用するのです。刃物やハンマーなどの鋼鉄工具の代わりになるのですから、ノズルから吐出された「水」がどれほど大きなエネルギーを持っているかが分かるでしょう。

また、それに反して、水の出る方向と反対側に押し戻される力が発生します。これを反動力（反力）と言い、ウォータージェット工法ではこの反力を十分に考慮する必要があります。

火災の現場で、消防士がホースから放水している映像を見たことがあるでしょうか。

噴射の反力に耐えるため、消防士が2人でノズルを支えながら放水し、消火活動を行っている姿がよく見られます。

消防活動の水圧はわずか 0.3MPa 程度ですが、噴射流量が 500ℓ/分と多いため、大きな反力が発生しているのです。反力は、噴射圧力、噴射流量によって変わりますが、どちらの要素も、増加するとともに反力が大きくなります。

その反力は数式により算出することができます。
・噴射圧力（P）、噴射流量（Q）と噴射反力（F）の関係式

（式）　$F = 0.7308 \cdot Q \cdot \sqrt{P}$

例えば、噴射圧力 200MPa、噴射流量 15ℓ/分で水を噴射した場合、関係式より 155 N（約 15kgf）の反力が発生することがわかります。

つまり、ハンドガンを握って作業をしている人には、155 N の負荷が絶えずかかっていることになります。

作業している間、常に 155 N の重さを支えていることになり、その労力は甚大なものです。

ウォータージェット作業の安全衛生基準にて、ハンドガン使用時にかかる反力は 150 N 以下が望ましく、最大でも 200 N（約 20kgf）を超えないこととの決まりが設けられています。これは、作業者の長時間の安全作業を考慮したものであるため、反力はこの範囲内で設定し作業を行うことが求められます。

そして、長時間のウォータージェット作業を行う場合や、200 N 以上の反力を伴う場合は、動力を備えた機械装置にノズルガンを設置して、大きな反力を人の手ではなく機械に委ねる構造が必要になってくるのです。

▲ハンドガンによるコンクリートはつり作業

column

圧力と水量による「ウォータージェットの分類」

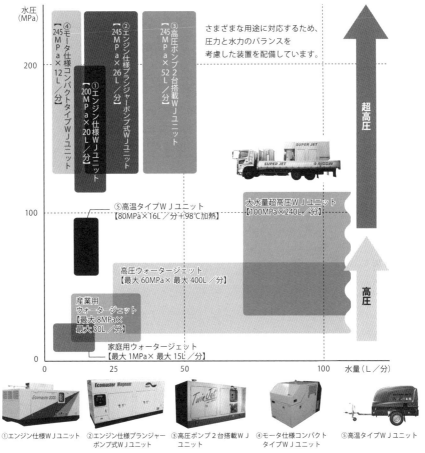

さまざまな用途に対応するため、圧力と水力のバランスを考慮した装置を配備しています。

水圧（MPa）

- ④モータ仕様コンパクトタイプWJユニット　245MPa×12L／分
- ①エンジン仕様WJユニット　200MPa×20L／分
- ②エンジン仕様プランジャーポンプ式WJユニット　245MPa×26L／分
- ③高圧ポンプ2台搭載WJユニット　245MPa×52L／分

超高圧

⑤高温タイプWJユニット
【80MPa×16L／分＋98℃加熱】

大水量超高圧WJユニット
【100MPa×240L／分】

高圧ウォータージェット
【最大60MPa×最大400L／分】

高圧

産業用ウォータージェット
【最大8MPa×最大30L／分】

家庭用ウォータージェット
【最大1MPa×最大15L／分】

水量（L／分）

①エンジン仕様WJユニット　②エンジン仕様プランジャーポンプ式WJユニット　③高圧ポンプ2台搭載WJユニット　④モータ仕様コンパクトタイプWJユニット　⑤高温タイプWJユニット

※【　】内の数字は最大圧力×最大水量

超高圧に対応したノズルとホース

ウォータージェットはノズルの能力が使用目的に適合して初めて、効果的な利用が可能になります。実際、200MPaを超える超高圧ウォータージェットが登場した当時のノズルは120MPa程度の耐用圧力のものが主流で、ノズルが壊れてしまったこともありました。

その後超高圧ウォータージェットの能力を存分に発揮することのできる200〜250MPa耐用のノズルが開発され施工効率が格段に改善されると、これまでウォータージェットに関心のなかったお客様の見る目も変わっていきました。

あるプラントで設備内部のスケールを洗浄した時のことです。普段は120MPaの圧力で洗浄できていたのですが、その時はスケールが残ってしまい、ウォータージェット洗浄だけでは検査に通るレベルまで仕上げることができませんでした。後に200〜250MPa耐用のノズルで同様のスケールに挑んだところ、完全に洗浄することができたのです。

それまでは「水の力だけでの剥離は無理だろう」と懐疑的だったお客様からも、太鼓判をいただくことができ、それ以降、このプラントでの洗浄はウォータージェットが主流になりました。

一方、配管の内面洗浄に対応するフレキノズルの超高圧化と小型化も徐々に進んできました。200MPaを超える作業用としても、12mm程度の細い管の中でも使えるノズルが登場しました。こういったノズルの進化のおかげで、仕事の幅が大きく広がっていきました。

また、ウォータージェットを使うためにはノズルだけではなく、ホースも超高圧のための重要なファクターです。

20年前のホースは、大流量用途の仕様のものと、高圧に耐えうる仕様のもの、いずれもかなり硬く太くて扱いづらいものでした。

メーカーと協力して製品の改良に取り組んだ結果、現在では作業員が安全にホースを使って作業ができるよう、圧力と水量に応じて優れたホースを選ぶことができるようになりました。ホースは材質だけではなく、内部構造と製造技術も特殊なものです。ポリエチレンやテフロンなどの樹脂チューブが芯となり、その周りには細いピアノ線のようなワイヤーがメッシュ状に編みあげられています。

外観は単一な樹脂のホースにしか見えませんが、内部のワイヤーメッシュを鎧のように何層も編み込み、各層をゴムや樹脂でくるんで仕上げたものなのです。

高圧洗浄をするために必要な資格って？

ウォータージェットによる洗浄メンテナンスは誰にでもできる作業ではありません。さまざまな知識・経験が要求されます。

「産業洗浄技能士」は、ウォータージェット作業のエキスパートとして、その知識・技量を認められた人だけに与えられる技能資格です。産業洗浄技能士になるためには、産業洗浄技能検定を受検し、合格しなければなりません。

検定に協力する日本洗浄技能開発協会は、「日本超高圧洗浄協会」として 1975 年に設立されました。日本の洗浄技術ならびに安全性を向上させるという熱い想いから生まれた同協会は設立以来、洗浄作業のパイオニアとして、技術の向上及び優れた技術者の輩出に尽力してきました。「洗浄技術を磨き、お客様に喜んでいただきたい」、「安全性を高め、現場の作業員に安心して工事に当たってほしい」——当社は、設立当初から、当協会の運営、産業洗浄技能士の普及・育成に力を注いできました。

当社会長の林繁藏は、長年にわたり理事長を務め、私自身も現在、副理事長、そして中部支部長を拝命しています。

こうしたビジョンを胸に、協会はこれまでさまざまな取り組みを行ってきました。その一つ

として産業洗浄技能検定があります。協会の技能審査として始まった同検定は、検定合格者たちの活躍が認められ、1982 年に職業訓練法に基づく審査としての認定を受けるに至ります。

さらに 1986 年には、国家検定へと移行され、検定の信頼性は大きく増すことになったのです。それによって技術者への期待が高まったばかりか、より重大な社会的責任を担うようにもなりました。高圧洗浄は大変高度な技術を要し、常に危険が伴います。そのため、技術者たちは卓越した洗浄技術に加え、洗浄理論の適切な理解や安全面での深い知見が求められます。

また、各現場でその都度適切な判断を下すことも必要となります。

検定は実技試験と学科試験があり、受検者は双方に合格して初めて、産業洗浄技能士として職務に当たることを許されるのです。

検定では技術や知識、そして対応力を網羅的に試験しています。即戦力として活躍することのできる力を問う実践的な内容なのです。

発足以来現在まで、全国で 8,000 人を超える産業洗浄技能士が誕生しており、彼らは今日も至るところで、「洗浄技術と安全性の向上」

というミッションに全力で当たっているのです。

　ウォータージェットが高圧から超高圧へと進化し、洗浄だけではなく、剝離やはつり、切断とさまざまな工法が行われるようになっても、産業洗浄技能士の意義、役割は変わることなく、さらに大きなものとなっています。

第 2 章

安全・環境に配慮して
剥離する「剥がす」技術

塗装を「剥がす」技術

　日常生活において、「剥がす」という言葉には一体どのようなイメージがあるでしょうか?

　値札のシールを剥がす、あるいは商品のパッケージや包装を剥がす、また、女性であれば爪のマニキュアを剥がすなど、人によってさまざまなイメージがあることと思います。

　私たちが取り組んでいる「剥がす」は、この中でいうと、マニキュアを剥がすことに近いといえるでしょう。一般に「剥がす」というと、ヤスリや薬品などを使うイ

▲火力発電所での LNG タンクの塗装剥離（全景）

メージが強いと思いますが、塗装されている対象物が硬く、それらで剥がすことができない場合には水の力で剥がすことができるのです。

　まずは、一つ施工事例を挙げてみましょう。

　火力発電所には燃料となる LNG（液化天然ガス）の屋外貯蔵タンクがあります。この屋根部分を保護する塗装が経年劣化すると、屋根自体の金属腐食が進む恐れがあります。それを防ぐためには、定期的な再塗装が必要ですが、その際には事前に古い塗装を剥がさなくてはなりません。当社はこの「剥がす」工事、すなわち剥離工事を請け負っているのです。

　この LNG タンクは備蓄容量が 6 万 t あり、直径は 52m、そして高さが 18m と、巨大な円筒型の建造物です。

　この仕事においてお客様からの要望は、大きく三つありました。
①タンクに衝撃や摩耗による損害を与えないこと
②古い塗装を完全に除去し、再塗装による 10 ～ 15 年の塗装寿命を確保すること
③安全と環境の両面に配慮すること

　対象となる表面積は合計 2,800㎡ ありました。剥離作業の効率を高め、施工時間を短縮するために、この仕事では超高圧ウォータージェット「エコマスター・ツインジェット」が採用されました。

　このときにはまず、垂直面でも自走できるロボット「リザード」（詳細は 64 ページ）を用いて、1 日あたり 70 ～ 100㎡ のペースで 2,000㎡ の面積の剥離工事を行いました。残りの 800㎡ は、非常に細かい作業を要するため、機械ではなく人の手による「ハンド・ガン」作業で、1 日あたり 30 ～ 40㎡ のペースで剥離していきました。

　実のところ、産業界において「洗う・洗浄」と「剥がす・剥離」の境界線は曖昧

▲塗装剝離作業の様子

なのです。特に100MPa（約1,000kgf/cm²）を超える超高圧ウォータージェットが出現してからは、技術的に区別をすること自体にあまり意味がなくなってきました。第1章で洗浄技術として紹介したメカニカル工法も汚れを剝がし取る技術の一種ですから、剝がしたり削ったりする要素は「洗う」技術にも元々あると言えます。

　ただ、技術的な区別は曖昧だとしても、業務の目的には明確な区別があります。それは、本来付くべきでなかった汚れ（スケールなど）を落とすのか、あるいは、かつて意図的（人為的）に付けたものが古くなったため落とすのかという違いです。そこで本書では、この違いについて、製造などの過程で「意図せず付着してしまったもの」を取り除くことを「洗浄」、そしてライニングや塗装など、過去に「意図して塗布したもの」を取り除くことを「剝離」と区別することにしました。

したがって、塗料を落とすという一見同じに見える作業であっても、前章で紹介した塗装用台車に付着した塗料を落とす仕事は「洗浄」とし、本章で後述する新幹線車両の塗装剥がしは「剥離」となります。

剥離工事の従来工法

　ウォータージェットの実用化に伴い、水の力を用いた剥離工法が利用され始めるのは1960年代のことでした。では、それまでの剥離工事は一体どのようにして実施されていたのでしょうか？

　答えは、第1章でもご紹介したメカニカル工法に相当する、グラインダー（研削盤）やサンダー掛け（研磨工具）を用いた、「表面を削る」工法です。グラインダーは先端にワイヤーブラシやヤスリがついた、ドリルのように回転するツールで削っていくという方法です。また、乾式のブラスト工法である「サンド・ブラスト工法」（表面に研掃材を吹き付ける加工法）も用いられていました。これは低コストで一般的な工法であるため現在でも採用されていますが、火花が散るため火気厳禁の場所では実施できませんし、粉塵が発生してしまうという課題も抱えていました。

　なお、研掃材は元々硅砂（石英粒からなる砂）などに代表される、自然の鉱物を粉砕した「砂」を使用していました。現在では、アルミナや他の金属粒、ガラスビーズなどの他、ナイロンなどの樹脂や、環境への配慮として胡桃の殻や桃の種など植物系の素材も使われ、作業方法も多様化しています。

　ウォータージェットの実用化に伴い、水の力を剥離に用いる試みが始まりました。ただ、当初は30MPa程度の圧力しかなく、水の力だけで削ることは実用的でなかっ

たため、水に硅砂やガーネットなどの研掃材を混ぜて削る「ウェット・サンド・ブラスト」という工法が採用されていました。研掃材を圧縮空気で吹き付ける「サンド・ブラスト」に対して、同じことを水で実施するため、「ウェット・サンド・ブラスト」と呼ばれています。

　ウェット・サンド・ブラスト工法の長所は、粉塵を抑制しやすいことであり、メカニカル工法やサンド・ブラスト工法と比較すると作業環境を改善する面で大きなメリットがありました。

　さらに平成に入ると、前章でもご紹介したエコマスターなどの 200MPa を超える超高圧ウォータージェットが登場してきます。

　200MPa を超える超高圧になると、吐射速度が音速をはるかに超えて、水自体が「剛

▲従来のウォータージェットガン

▲ウェット・サンド・ブラスト。研掃材を供給するためのチューブが肩にかかっている

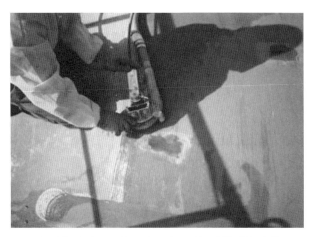

▲ハンド吸引式回転ジェット（ハンディージェット）で塗装剝離する作業

▲ 200MPa での剝離

性」をもつように作用します。すると水だけの力で強固な塗膜も剥離できるので、研掃材が不要になり、産業廃棄物を減らすことにも貢献することとなったのです。

自走ロボット「リザード」の活躍

　塗膜の剥離が可能になった超高圧ウォータージェットは、さまざまな現場での施工に採用されていきました。

　垂直な壁面の剥離工事では、噴射装置（ヘッドユニット）を壁に立てかけて昇降（もしくは横行）させる、シンプルな機構のトラバーサーで対応します。当社が実際に行った施工例では、使用するポンプの水量と剥離の精密さを加味して、30cm幅の剥離用噴射ヘッドユニットを昇降装置に組み合わせました。こうしてそれぞれの現場にある設備構造に合わせて設計することで、据付作業や移動が簡便に、そして長時間に及ぶ剥離作業を確実に行えるようになるのです。

　ヘッドユニットの外箱にはレール（丸いパイプ状）を挟み込む車輪が付いており、ワイヤーを用いて「1分間あたり数十cm」というゆっくりした速度で昇降させます。こうした簡易構造のトラバーサーを少し離れた場所から操作して、ライニングや塗装を剥がしていきました。

　石油プラントや建築現場では、垂直の壁はもちろんオーバーハング（下階よりも上階が張り出したもの）の壁も存在します。そのような場所で「ムラ」なく高品質な剥離作業をするためには、構造物に対して複雑な足場を組むことが求められます。準備の段階からコストも時間もかかり、さらに作業者が噴射装置やホースを操作するために立ち回れる範囲が狭くなり、常に危険と隣り合わせです。

▶垂直面ではトラバーサーで
ヘッドユニットを昇降させ
る

▶石油タンク外壁を剥離する
リザード

▶ LNG タンク天面で遠隔操
作されるリザード

そこで次に登場したのが、垂直壁やオーバーハングの壁でも、"対象物に張り付いて自走する"ロボット「リザード」（「とかげ」の意味）です。

　このリザードが最初に投入された工事は、北海道・苫小牧市にある「石油備蓄タンク」の外壁塗装の剝離でした。

「リザード」は 40cm の幅で剝離を行うノズルヘッドユニットをもち、対象物に張り付くような姿勢で使用されます。ヘッドユニットの内部には、円の中心から伸びた棒状のノズルヘッドに 10 個のノズルが装着されています。ノズルヘッドを回転させながら噴射させ、防錆のためのコーティングやライニング塗料などを剝ぎ取っていきます。ヘッドユニットの外周部分には吸引機構のダクトも備わっています。噴射水と剝離した塗膜を同時に飛散なく回収し、さらに噴射音も低減できるのです。

「リザード」の駆動用車輪はマグネットで作られており、走行中も金属構造物の壁に張り付き、最速で毎分 5m の移動速度で作業できます。

　また回転と走行の動力と遠隔操作は電気ではなく、空気の圧力を使用したエアー制御方式を採用しているので火花も散りません。そのため、石油プラントのような火気厳禁の防爆エリアでの施工も可能になっています。

■ 新幹線の塗装剝離

　ノズルの進化については既に触れましたが、複数のノズルを先端部（ノズルヘッド）に装着して用いる場合、ノズルのレイアウトは、作業効率に大きな影響を与えます。このレイアウトの適切な配置にはかなりの試行錯誤が必要でした。

　かつて、100 系新幹線の車両の塗装剝離を請け負っていたことがあります。新た

に塗装を塗り直すため、古い塗装を全部剥がさなければなりません。

　100系新幹線は1985年に登場した車両です。それまで長く製造されてきた0系に代わり、2階建て車両もあり、大変な人気を博しました。しかし、100系以降に製造された、新たな新幹線の最高速度が時速270kmに達すると、ダイヤが改編になるごとにその数を減らしていき、2003年、ついに東海道新幹線から姿を消したのです。

　東海道新幹線は16両の編成から、毎晩8両ずつ塗装工場に入庫し、当社を含め複数の受託会社が剥離作業をしていました。メンテナンスはひと月に2～3回程度行われ、その際には全社が一斉に作業に当たります。そこでどの会社が一番早く施工完了できるかという競争が自然に起きました。

　どこの会社もその競争に負けるわけにはいかないので、速く剥がすにはどういう

▲作業中の100系新幹線

▲先頭車両の塗装剥離の様子

装置を作ったら良いかという試行錯誤が始まります。具体的には作業員が操作するノズル部分の改良が主な争点となりました。

　この施工では、ノズルを2個、3個と複数装着した「ノズルヘッド」をガンに取り付け、それを高速回転させ噴射しながら、塗料を削り取っていきます。

　ノズルヘッドに一つのノズルを装着し、ウォータージェットの全水量を集中して噴射すれば、削る能力は高くなります。しかしこの場合、ガンを素早く動かさないと広範囲を洗浄することができないのです。ノズルを増やして回転させると、ゆっくりですが一振りで剥離できる面積は大きくなります。作業効率をある程度計算した上で、力を集中させるノズルヘッドと、面積を稼ぐ構造のノズルヘッドをそれぞれ設計するのですが、作業者の技術によるところも大きいので、どこまで性能を出せるかは実際に試してみなければわかりません。

▲飛行機の塗装剥離作業の様子（海外の事例）

さまざまな試作と実証を繰り返した結果、正面から見ると、6個のノズルを大きさの違う二つの正三角形の頂点に配して「二重に円を描く」形のノズルヘッドが最も使い勝手が良いことがわかりました。このノズルヘッドを使うことで、経験の比較的浅い作業者でも、熟練の作業者に負けない最高の作業効率を発揮して、他社よりも素早く施工を完了することができたのです。

　ちなみに、アルミ合金素地の300系新幹線車両に代わってからは、剥離工事はなくなりました。ですが、それはアルミ合金製の構造体の塗装剥離にウォータージェットが使えないということではありません。

　以前視察のためにドイツを訪れた時に、ルフトハンザ社の整備技術部門が大型ジェット機の塗装剥離を行っている現場を見る機会がありました。そこでは、初期のエコマスターに相当するウォータージェット装置（モーター駆動のポンプユニット）が5台使われていました。それらが超高圧水を供給し、高所作業用のマニピュレーターに装備された複数のノズルユニットを操作して、機体表面の剥離作業を行っていたのです。ジェット機の機体であっても、ウォータージェットでの剥離は問題なくできるようです。

発電所でのメンテナンス

　河川上流域に見られる、水力発電所での超高圧剥離をご紹介しましょう。

　水力発電所には、貯水池・貯水槽から、遠く斜面の下にある発電所まで、水の通り道となる水圧鉄管が配備されています。

　当社は、水圧鉄管の「内面塗装剥離と再塗装」のメンテナンス工事を請け負うこ

ととなり、それまでの作業方法を超高圧水によってまったく新しいものにしようという試みが始まりました。急斜面に敷設されており、太さとしては人が入れないこともないのですが、従来からの工具や作業手順では、内面更新工事は大変に困難なものでした。そこで客先企業と一緒に開発した専用装置が「エコジェット・クライマー」です。

エコジェット・クライマーは、急斜面に設置されている配管用の「内面研掃ロボット」として誕生しました。剥離作業位置から数十〜数百m離れて操作される特殊な装置で、配管の中を引き上げられながら剥離作業をするようになっています。斜面下側となる後方にノズルを装備し、配管内面すれすれのスタンドオフ（射程距離）

▲急斜面を下り水力発電所につながる水圧鉄管

▲貯水池側から斜面を下る水圧鉄管を見下ろす

エコジェット・クライマーによる配管内面剝離の概要

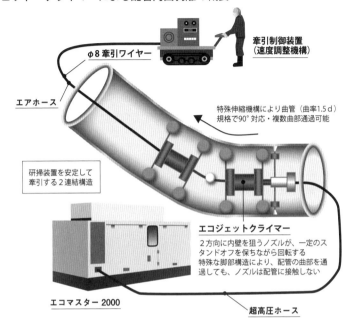

牽引制御装置
（速度調整機構）

φ8 牽引ワイヤー

エアホース

特殊伸縮機構により曲管（曲率1.5ｄ）
規格で90°対応・複数曲部通過可能

研掃装置を安定して
牽引する２連結構造

エコジェットクライマー
２方向に内壁を狙うノズルが、一定のスタンドオフを保ちながら回転する
特殊な脚部構造により、配管の曲部を通過しても、ノズルは配管に接触しない

エコマスター2000

超高圧ホース

で回転させながら超高圧水を噴射します。配管の内径に合わせて回転数を制御し、塗膜を余すところなく剝離しながら前進（上昇）します。この剝離装置も「エコマスター2000」の導入がきっかけとなって開発と実用化が進んだものといえます。

　水圧鉄管は建設された条件によって異なる間隔ではありますが、フランジ接続部分が設けられているので、50〜200mごとに配管を取り外し、エコジェット・クライマーの投入場所と牽引装置の設置場所を確保します。ホースやワイヤーの接続な

▶管内に挿入されたエコ
　ジェット・クライマー

▶曲管の通過検証

▶曲管内部を通過するエコ
　ジェット・クライマー

どすべてが揃えば、曲管部や、エキスパンションと呼ばれる伸縮配管も通過しながら、一気に剥離作業を実施します。

1区間の剥離作業が完了すると、エコジェット・クライマーから超高圧ノズルとホースを取り外し、検査用のカメラを装着して、水圧鉄管を下りながら管内撮影と剥離状況の検査を行います。区間を下りきると、エコジェット・クライマーの先端部分は「塗装ノズル」に交換されます。牽引ワイヤーに沿って（山側上部から）ライニング塗装用の塗料ホースが追加接続され、牽引制御装置の近くに設置された塗料圧送ポンプが塗料を供給します。エコジェット・クライマーは回転式の超高圧水噴射ヘッドを、カメラか、塗装用のノズルヘッドに交換すれば、管内検査もライニング塗装もできるようになっているのです。

一方、臨海部に設置される火力発電所には、海水を冷却水として取り入れるために、直径3.6〜4.0mの地下に埋設管があります。この埋設管内面の塗装更新工事において、古いライニングを剥離する仕事がありました。かなり硬い塗膜で、作業も困難が予想されましたが、ウォータージェット工法が採用されました。

なぜウォータージェット工法だったのでしょうか？

それは2％程度アスベストが含まれている「昔の塗料」だったからです。

これを乾式メカニカル工法などで剥がすと、その粉塵が作業者の肺に入る恐れがありました。そこで、粉塵が発生しない湿潤環境で行うウォータージェット工法の出番となり、剥離した塗料は全量を回収しました。

作業は大きく分けて2段階です。埋設管には多くの貝が付着するので、まずはこれを剥がす作業が必要です。25〜30MPaの圧力で貝を削ぎ落とします。貝を除去した後に、245MPaの超高圧水での剥離作業、剥がした後はアスベストの入ってい

ない塗料でのライニングを行いました。火力発電所でのライニング更新工事にも、超高圧ウォータージェットによる剝離が有効だという評価をいただくきっかけになりました。

コンクリート表面処理

　ここまで剝離の対象として、設備や機械の表面塗装やライニングを水の力で剝ぎ取る作業についてご説明してきました。これは素地である鉄や金属との「強さ・硬さの違い」と「付着する力の限界」を利用して、素地に傷をつけることなく「剝離」する作業といえるでしょう。

　ここからは、少し内容が変わって、単一の素材の「表面だけ」を「ほんの少し削り取る」という水の力ならではの作業についてご説明します。その例となるのが、コンクリート構造物を「より長もちさせるための下準備」ともいえる、「コンクリート表面処理」（表面研掃）と呼ばれる作業です。

「コンクリート表面処理」とは、目の前にそびえるコンクリートの構造物に対峙して、そのコンクリートの表面を薄く削り取るという作業です。目的は、コンクリート構造物の強化のために行われる、何通りかの「補強材」が「より強固に接着されるようにする準備」なのです。

「今どき、接着剤ならどんな力を加えても剝がれないすごいものがいくらでもあるから、それがコンクリートだとしても接着できないものはないはずだ」と思われるかもしれません。もちろん接着技術は常に進化して、私たちを驚かせてくれるのですが、ただ、接着剤の説明書をよく読むと、「接着する前に、下地をきれいにしてくだ

さい」と書かれていることがよくあります。接着剤によって接着させたいもの同士を
強固に結びつけるためには、互いの構造（分子レベルかもしれませんが）をしっか
りと結合させる必要があります。これを手助けするために、必要な作業が、「水の力
による表面処理」なのです。

コンクリート同士をしっかり結びつける

　早速、施工例をご紹介しましょう。

　序章にもありますが、当社のウォータージェット技術が建設業界で採用されるきっ
かけとなった、あの1995年の阪神・淡路大震災にまつわる、橋脚の耐震補強工事
です。マグニチュード7.3の直下型地震の影響は深刻で、阪神・淡路地域の高速道
路の橋脚が至るところで折れてしまったのです。それまでの耐震基準を満たしてい
たはずの橋脚さえも折れてしまったという現実を受け、起こり得る地震に備えるた
めに、全国の高架道路や橋梁の橋脚の強度を見直し、耐震化工法の検討が始まりま
した。

　私たちは新しい耐震基準に沿って、多くの橋脚を可能な限り急いで補強する必要
に迫られていました。単純にいえば太くすればいいのですが、橋脚のコンクリート
表面は新しいコンクリートを被せるだけでは強度が得られません。そこで、「コンク
リート付着強度」という指標に照らしてさまざまな工法でデータを取った結果、ウォー
タージェットで「表面処理」をしたときに非常に有効な強度が得られることがわか
りました。「界面」と呼ばれる新旧コンクリートの境目が最も重要な部分です。ウォー
タージェットで橋脚の元の表面を薄く削り取り、コンクリート本来の強度をもった「素

地」が現れると、新しく打設されるコンクリートが「界面」において新旧の境目なく接合できることがわかったのです。

コンクリート増厚工法の現場

200〜240MPaの圧力で、ちょうど塗料を剥ぎ取るのと同様の装置を使って一定のスピードで処理していくと、1mm程度といったわずかな厚みで、コンクリート表面に隠れていた「強い素地」が現れます。幅30cmの回転ノズルを毎分1〜2mというペースで動かしていくと、求める通りの素地が現れます。

▲橋脚の表面処理工事（昇降式研掃装置を垂直面で使用）写真左手奥の面が施工前、写真右手のザラザラした面が施工後（丸枠の中が施工後の拡大図）

コンクリート橋脚は太さが5〜6mの角柱や円柱で、高さが10mから高いもので20mを超える場合もあります。この表面をウォータージェットできれいに削り落とすことがコンクリート打設の重要な前処理となります。そして新しい鉄筋を、一重、二重と橋脚を覆うようにはりめぐらせて、元の橋脚よりも厚みで20〜30cm太くなるように型枠を組んだ中に、新しいコンクリートを打設します。こうすることで、スリムな橋脚がどっしりと太くなって、上を渡る道路を支えることができるのです。

　コンクリートが「界面」で剥がれてしまわないか、それぞれの条件で、施工のエリアごとに調査が行われました。コンクリートを丸くくりぬくように、円筒形の刃物で直径10cm、深さ30cmほど（界面を越えていく深さ）の切れ込みを作ります。円筒状のコンクリートの表面に特殊な工具を接着して、引き抜く力を数十kg与えていくと、「ゴトッ」と音がして、茶筒のように抜き出されてきます。このとき、新旧の「界面」で規定の数値以上で剥がれて引き抜かれていることが、工事の成功の証しとなります。

　こうして私たちも全国各地で施工に参加した「コンクリート増厚工法」によって、多くの橋脚の安全性を高めることができたのです。

恵那山トンネルでのコンクリート表面処理

　中央自動車道に恵那山トンネルという、岐阜県と長野県の県境を通る全長約8.5kmの全国でも5番目に長いトンネルがあります。

　下り線トンネルは、円筒形状の曲面天井の下に「吊下げ天井板」という材料で、平らな天井が作られているトンネルでした。この、「平らな天井」の裏側には、「換

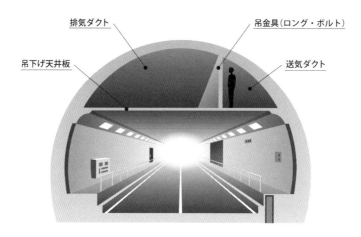

排気ダクト

吊金具（ロング・ボルト）

吊下げ天井板

送気ダクト

▲恵那山トンネルの断面図。天井裏に立つ人物の頭の上の内壁を水で処理し、剥落防止シートを貼り付けた

気をするためのダクト」としての機能があったのです。

　天井板の構造自体の強さと寿命にもまだまだ余裕はありましたが、天井板を外して最新の強力な「ジェットファン」を設置することが計画され、天井板が設置されている間に元の曲面の天井の表面を「剥落防止シート」という特殊な素材で覆い、より強度を高めておく必要がでてきました。

特殊な補強材を貼り付ける

　山岳トンネルとして一般的な、「覆工コンクリート構造」をもった恵那山トンネル

では、元の曲面天井の表面の一部が、剥落防止シート接着の設計強度に足りない状態にありました。トンネル自体の強度としては何の問題もないのですが、表面に最新の補強材を貼り付けても、しばらくして剥がれてしまっては成果が得られません。そこで、ウォータージェットのコンクリート表面処理で強靭なコンクリート素地を得てから、最新の素材を貼っていく工法が採用されることになり、塗装剥離でも用いられる「同時吸引」ができる「ハンド吸引式回転ジェット」を用いる施工方法に決定しました。平らな吊り下げ式の天井板と天井曲面の空間は、高いところで3ｍ程の高さです。噴射水とコンクリートの粉の混じった剥離水を、確実に吸引して回収しなければなりません。天井板の隙間から、下を走行する車両に水がこぼれるようでは、工事が実施できないためです。

▲恵那山トンネルでの施工

▲ハンド吸引式回転ジェットによるコンクリートの表面処理
（※写真は恵那山トンネル施工とは異なります）

▲剥落防止材を貼り付ける様子（※写真は恵那山トンネル施工とは異なります）

このような背景のもと、2013年1月、超高圧ウォータージェット（エコマスター・マグナム）と、給水車、吸引車を装備した14チームが編成され、吸引力と噴射反力のバランスがとれた、「ハンド吸引式回転ジェット」を用いる工事が始まりました。天井裏での作業班は徒歩で、車両班は区画ごとの誘導監視員の指示にしたがって移動します。トンネルの走行方向は決まっていますし、徒歩で天井裏に回りこめるのは、専用の作業用通路だけですから、毎朝、そして休憩時間ごとにも、作業ポイントと待機場との往復になります。

施工開始3カ月で完成

　作業ポイントの直下である道路側に車両班が到着し、天井裏の作業班からホースが下ろされると、給水車両、ウォータージェット、超高圧ホース、ハンド吸引式回転ジェット、吸引回収ホース、吸引車両という順序で機材を接続し、工事が開始されます。表面処理の作業ごとに、天井裏の湿度や換気の管理の上で表面の乾燥を確認し、特殊な接着剤を用いて、強度の高い繊維を織り込んだ樹脂製の「剥落防止シート」が貼り付けられていくのです。

　施工開始から3カ月に及ぶ奮闘の末に、天井の曲面には「剥落防止シートが貼られた表面」が完成。同じ年の6月になると、平らな天井板は丁寧に取り外されて、換気用の「ジェットファン」が稼働を始めました。

　2013年の夏には、新しい構造への改良工事がすべて完了し、トンネルを利用する人々の安全が確保されたのです。

第 3 章

大型建機に負けない威力で
砕く・崩す「はつる」技術

コンクリートをさらに深く砕く「はつり」

日常で「はつり」は耳慣れない言葉だと思います。

元々は壁を打ち砕くという意味のことで、現在では主に建設業界でコンクリートを削り取るという意味で使われています。はつりが用いられる工事のお話をさせていただくために、第2章でご紹介した「表面処理」をもう一度振り返っておきましょう。

コンクリート構造物を補強するために、ウォータージェットでコンクリートを1mmくらいの薄さで削る「表面処理：表面研掃」工法をご紹介しました。この工法は新しいコンクリートや補強シートの接着強度を高める「特殊処理」でした。ウォータージェットの中でも200MPaを超える超高圧特有の、コンクリート素地の接着性を引き出す工法といえるでしょう。狙った厚みで正確に表面を削れるだけでなく、コンクリートの表面の「やや弱い部分」はしっかり除去できるという特性が活かされており、次の工程で接着したい補強材料との結合力を高めるという利点をお話ししました。続いてこの章では、ウォータージェットの特性を活かしたさらに深く砕く工法をご説明したいと思います。

「砕く、崩す」中での繊細さ

コンクリート構造物に対する「はつり」は、「大きく砕き、取り壊す」という目的で、さまざまな工法によって実施されています。道路や建築物の基礎を破砕して、新し

いものに作り変えるには、大小さまざまな容積のコンクリートをはつる必要があります。皆様も、作業者がコンクリートブレーカーを使って、コンクリートの壁や床を、「こつこつ」と砕いて取り外していく場面をご覧になったことがあるでしょう。さらに作業者が手で扱うブレーカーよりも大きな装置が必要になると、キャタピラで走行する建築機械の先端に、油圧で動くブレーカーを装備して、大規模なはつりが行われています。

　では、さまざまな装置が活躍する「はつり」の現場で、ウォータージェットが採用されるに至った理由は何でしょう。

　当社が 1987 年に導入した「スーパージェット 1000」を思い出していただけるでしょうか。100MPa を超える圧力で、毎分 100ℓ、200ℓ という水を噴射できます。

▲はつり出された鉄筋

このポンプを駆動するエンジンは600馬力を超える力をもっています。全出力を一つのノズルから集中噴射すると、人の力（体重）ではとても支えきれず、小型の建設機械でないと保持できません。

このエネルギーをコンクリートに向けると、見事な「破砕力」があることがわかりました。他の大型建設機械に負けない威力でコンクリートを砕き、取り除いてしまいます。しかもよく観察すると、ウォータージェット特有の有益な現象が見つかってきたのです。

鉄筋を損傷させない、クラックを起こさない

まず見ていただきたいのは、水が衝突した部分で、コンクリート構造物の鉄筋がきれいに残されていることです。尖ったブレーカーで鉄筋を損傷させないように微妙に手加減するのとは違って、「遠慮なく」ウォータージェットを噴射させても、鉄筋は何事もなく元の姿を現します。細かなコンクリート付着もなくきれいな姿です。

さらに、はつりの出来具合を詳細に観察すると、コンクリートの奥へと浸入するようなひび割れがありません。（「マイクロクラック」と呼ばれ、施工の目的によっては望ましくない場合があるようです）

「補修・補強」を目的とした施工方法の開発者たちが、これらの特徴に着目しました。取り壊して撤去するのが目的であれば、ここまでの性能は求められませんが、元の構造強度を取り戻したい、さらに強固な構造に改造したいという建築目的にとって、とても大切な特徴をもっていたことが次第に重視されるようになっていきました。

欧米ではウォータージェット「はつり」工法が、1980年代にその基礎を確立して

おり、当社でも国内の採用拡大を目指して、「エコジェット・クラッシャー」と呼ぶ噴射装置の採用に至りました。

「エコジェット・クラッシャー」の導入

　スウェーデンに居を構えるアクアジェット・システム社が 1980 年代後半に開発して実用化し、欧州での「ハイドロ・デモリッション」（水力による破砕）のスタンダードとして発展した AQUA CUTTER という装置があります。当社も 90 年代後半に導入を図り「エコジェット・クラッシャー」と名付けて、スーパージェット 1000 を使った施工方法を検証しながら、さまざまな現場に適用させてきました。

　先端のカバー内部には「振る」、「回す」、「左右に動かす」ノズルユニットがあり、一回の作業で畳ほどの面積を処理します。キャタピラ車両にはノズルユニットとカバーを昇降させる柱構造と、チルト（振る）・ローテート（回頭）する機構があり、床面、壁面、天井面への作業が可能です。噴射水と破砕されたコンクリートを飛び散らせないために、カバーを対象となる構造物にしっかりと接触させて作業を行います。国内でも数社が同様の機械を採用しており、それぞれが独自の分野で得た現場経験によって、運用ノウハウやノズルの改良に取り組んでいるのです。

▶エコジェット・クラッ
シャーで橋台側面をはつる

▶床板のはつり工事。処理さ
れた部分は鉄筋が残ってい
るのがわかる

▶エコジェット・クラッ
シャー HVE-6000

20tを超えるトラックのための道路の補強

　1994年、物流のニーズに呼応して、輸送トラックの総重量制限が緩和されたことで、全国で「緩和指定道路」の総延長が延びています。これに伴い、従来の道路の構造を大幅に強化する必要が生まれました。そこでアスファルトの下を支える基礎のコンクリート床版を強化する、橋のつなぎ目を強化する、という二つの改良工事が全国で実施されています。

　コンクリート床版を補強する場合は、表面のアスファルト層を専用の建設機械で取り除いた後で、ウォータージェットによって必要な厚みのコンクリートをはつります。このとき、コンクリート内部で強度を支えていた鉄筋を傷つけることなく作業し

▲高速道路上の床版はつり

▲鉄筋が現れた床版

なくてはなりませんし、鉄筋の重なりのさらに下側まではつる必要があります。

　施工例の85ページの写真をご覧いただくと、重なり合った鉄筋の「裏側」までえぐり取るようにコンクリートが除去されています。ウォータージェット独特の作用として、はつられた範囲の鉄筋が切断されることなく、どちらの方向にもクラックが広がることなく、「取り除きたいコンクリートだけの除去」が実現するのです。

　さらにウォータージェットによるはつり施工独特のメリットがわかってきました。ブレーカーでコンクリートを破壊する際と比較して、衝撃・振動が周辺に伝わりにくいというメリットです。コンクリートがもぎ取られるほどのエネルギーなので、「エコジェット・クラッシャー」のノズルユニット（先端部）のカバーの中からは、高圧水噴射の連続音と、「バシッ、バシッ」という破砕音が聞こえてきます。確かに騒音は生じていますが、大きな衝撃を伴う振動がないのです。隣接する建物や施設の運用を妨げる振動がない。このメリットを活かして、安心して施工計画通りの作業を進めていくことができます。

弱った部分を「はつる」

　コンクリート構造物は、押しつぶす力に強いコンクリートと引っ張られる力に強い鉄筋が、お互いの特長を最大限に活かして「強度と耐久性」を発揮しています。道路の場合なら、走行する車両の強い衝撃に耐えなくてはなりません。ビルは突然の地震に備え、ダムは大きな水圧を支え続けなくてはなりません。

　わずかなひび割れから浸入した水分がコンクリートを中性化させ、鉄筋を錆びさせ、強度を損なう現象が進行しているかもしれません。海岸線に近い場所であれば、

▲地下貯水槽の天井構造の一部をはつっている様子

▲地下から天井を見上げた様子

「塩害」も大きな影響をもたらし、建設から時間を経た高架橋の下面がもろくなってしまいます。

　弱った部分を選んではつるのも、ウォータージェットの特徴的な性能の一つといえます。前章の表面処理でも触れましたが、「弱っている部分が粉砕され」、「健全な部分が損傷しない」境界の噴射力をあらかじめ設定して、「はつることができる部分だけ」を取り除き、適切な施工を行います。

　こうしたコンクリート構造物の劣化抑制の対策として、構造物の屋上ではつり工事を実施した例をご紹介しましょう。写真の浄水場の例は、地下貯水槽を覆う天井構造の一部分を、エコジェット・クラッシャーで除去して新たな強化構造を建設するものでした。地下から見上げると十数ｍの柱がそびえて天井を支えていますが、

▲高架橋下面でのはつり工事

▲はつり前の施工対象

▲はつり後に鉄筋が現れている

その一部分だけを設計通りにはつり、コンクリートを除去していく難工事でした。（91ページ写真）

　塩害対策工事や橋梁の下面の修復工事にエコジェット・クラッシャーが登場する場面では、そのノズルが届く高さが活躍のポイントになります。コラム（柱）を6mの高さまで伸ばして、ノズルユニットを高架橋の真下に接触させ、作業を進めます。6mを超える高さで、このノズルユニットを稼働させる場合は、追加の安全装備（固定方法）を考慮して、ノズルの動きを安定させる必要も出てきます。

　こうした下面はつりの工事では、近年、「スーパージェット1000」ではなく「より高い水圧と、やや少なめの水量」のウォータージェットを用いる例が増えてきました。エコマスター・ツインジェットを用いる場合は、エコジェット・クラッシャーのノズルを、245MPaの水圧と毎分52ℓの噴射水量に合わせた設定に変更して運用しま

す。また別の工事では、エコマスター・マグナムを使用して、鉄筋の裏側に手のひらが入る5cmほどの深さではつりを行った例もあります。

桁を支える「支承」を取り外す

　前述のように、100MPaという圧力で大水量を用いた大容積のはつりが重用される一方で、構造物の極めて重要な一部分だけ、ピンポイントではつりたいという施工ニーズが増えています。一例では、橋を支える橋台と、それをまたぐ桁をつなぎとめている「支承」を交換したい、この「支承」という部品はしっかりと橋台と一体化されているので、簡単には取り外すことができません。橋桁をジャッキアップして支承に荷重を掛けない状態にして、支承と結合している部分のコンクリートを必要ぎりぎりの量だけはつり、支承を取り外して交換します。

　極めて狭い構造物の隙間で支承の接合部をはつり、撤去が済むと、今度は新しい部品を装着するために、鉄筋が現れるまでより深くはつる必要があります。狭い場所の奥で噴射力を支えて作動する装置を、現場の構造に合わせて準備する必要がありました。

　また、はつる範囲や深さを厳密に合わせる必要があるため、瞬時に粉砕することよりも、正確な狙いをつけて噴射して仕上げることが求められました。こうした「精密なはつり」の場合は、245MPaの噴射圧力を活かすためにエコマスター・マグナムを用意し、噴射水量を20ℓに調整して作業をします。狭い場所での施工用のノズルユニットを製作して、計画された作業時間内に仕上げる工夫をしています。

　ウォータージェットのはつり工法が、建築分野で高く評価されるようになり、ニー

支承部はつり装置の施工例

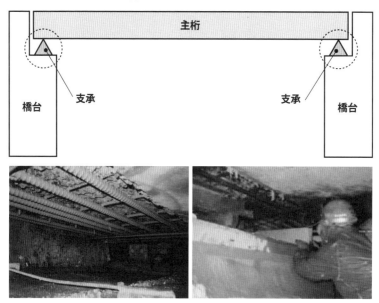

▲主桁の下面を特殊なノズルではつる

ズも多様化しています。エコジェット・クラッシャーでのはつり工事も、はつりの深さと仕上がりに、より正確性が求められるようになっています。工事の目的に合わせて、大きな構造物の一部だけをはつる必要がある場合、エコジェット・クラッシャーのノズルをできるだけ緻密に制御しなくてはなりません。コンクリートの強度や構造上の特徴を調べて、ノズルの動かし方を細かく定め、適切に処理します。

▶施工前にはつり範囲を定める

▶指定通りにはつられた床版

▶高速道路の床版はつり

コンクリートに孔を開ける「削孔」

「はつり」の出来上がり写真で、さまざまな穴が開いている様子を既にご覧いただいているので、コンクリートに孔を開ける仕事「削孔」についてまずはそのイメージの違いからご説明する必要があるでしょう。数十cmから1mを超えるような「厚み」がある鉄筋コンクリートの構造物で、深いところまで孔を掘りたい、反対側まで孔を通してしまいたい、というニーズです。周りを大きくはつると、構造の強度が活かせないので、細く深い孔、貫通した孔が必要な場合があります。

「ホールソー」と呼ばれるドリルでも作業できますが、「鉄筋を傷つけてはいけない」

▲浜名大橋の補強工事の様子

ときには、慎重に作業を行ってもかなり困難な場合があります。鉄筋の重なりをすべて回避して一直線に孔を貫通させるためには、あらかじめ設計上の鉄筋の位置や、探査装置によるデータを読み取ってスタート位置を決めます。しかし建築時点でのさまざまな条件に左右されるため、必ずしも設計通りの位置に鉄筋が重なっているわけではなく、現場の条件には複雑なばらつきがあるようです。

橋梁建設などには、通常の鉄筋コンクリート構造をさらに上回る強度をもった、プレストレスト・コンクリート（Prestressed Concrete：以下PC）という構造があります。コンクリートの特性を活かすために、構造物を作る際にあらかじめ圧縮しておくことで強度を高めます。PC構造は、PC鋼材と呼ばれるピアノ線をよった鋼材を内部に通し、これを強い力で引っ張って固定し圧縮強度を高めた構造です。

橋が完成して数十年が経過した頃、より高い強度を与える改良工事が計画されました。PC鋼棒で隣り合う橋桁の結合を強化させる工事が必要となってきたのです。そこで、鉄筋や交錯するPC鋼材には傷をつけないよう孔を開ける必要が生じました。前述のように設計図面を確認するか、鉄筋探査という方法で、あらかじめどこにPC鋼材があるかを確認することができますが、慎重に進めようとすると、他の工法では不安な要素が残ります。そこで、孔を開け進める力が鉄筋に当たっても損傷を与えないウォータージェットが採用されました。

PC構造への改良工法は複数ありますが、当社が施工に参加した国道の場合には、橋桁に補強ケーブルを設置して、橋桁同士をさらに強く引き寄せる工法が採用されました。そのためにケーブルを留めるための金具を、橋の側面にボルトで固定することになり、この側面削孔作業もウォータージェットが使用されています。

私たちは「エコジェット・ボーラー」と名付けた専用の装置を使用しました。

245MPaの圧力での「はつり」の例で、「精密にはつる」と書きましたが、削孔でも同様の精度を出すために、エコマスター・マグナムやツインジェットからの毎分20〜50ℓといった水量を噴射して孔を開ける装置です。特殊な角度の前方噴射ノズルを、目的の深さに達するための「ランス」と呼ばれる超高圧専用のパイプの先端に装着します。エコジェット・ボーラーは、噴射を続けるノズルとランスを、壁の中へ中へと、ゆっくり正確に送り込む構造をもっています。重なり合う鉄筋の目を射抜くように、80〜100mmの孔を「掘りながら前進」していくのです。削孔の速度は、PCの強度や孔の直径を考慮して、毎分50〜150mmといった範囲で設定し、破砕し

▲エコジェット・ボーラーを壁面に装着し、削孔工事を行う

▲エコジェット・ボーラーの駆動部

▲先端ボックス内部のノズルと削孔位置（右側）

▲超高圧水で開けられた直径80mmの孔

たコンクリートを後方に排出し回収しながら、削孔ノズルを前進させる作業を繰り返します。

　私たちが削孔作業を済ませた頃、同時に進められていた炭素繊維シートによる橋桁内部の耐震補強も完成し、コンクリート製の「箱桁」はさらに強度を増しています。

　240 mの河口をまたぐ橋は、中央でPC鋼棒により連結し、ケーブルにより強く締結され、美しい外観はそのままに、建設当時を上回る強靭な構造に生まれ変わっています。

第 4 章

火気厳禁の場所でも、
水中でも切断できる
「切る」技術

ウォータージェット切断が日本に取り入れられるまで

　ウォータージェットによる切断技術については、序章で損壊した石油コンビナートの球形タンクの切断をご紹介しました。この章ではそんな「切る」技術について、施工例とともにより詳しくご説明いたします。

　水の力でものを切ること —— そのルーツは米国にあります。水の力でものを切る歴史は、1950年代、木材用の切断機が開発されたことに始まり、1970年代になると使い捨ておむつの切断にまで広がりました。1979年には研掃材と水を同時に吹き付ける方法（アブレーシブ・ウォータージェット）が開発され、金属など硬い物質の切断が可能になりました。そして1980年代に入ると超高圧ウォータージェットが登場し、ガラス、ステンレス、チタン、炭素繊維などさまざまなものが水の力で切れるようになっていきました。1991年には米国の原子力発電所において、ウォータージェットによる切断が実証されています。

　日本で、設備の切断にウォータージェットが使用されたのは原子力分野でしたが、これは原子力発電所の廃止措置での利用に限られていました。「エコマスター2000」導入当初、お客様に「水の力で鉄も切れますよ」とご紹介しても、いい反応は得られませんでした。実際にビジネスになったのは、それから10年ほど後のことです。水の力で鉄が切れるということをもっと普及させていくため、私たちはその10年間、最適な水量や研掃材の量、研掃材の混合の仕方、切断対象の形状、狭い場所などでの切断など、あらゆるデータの収集・分析に取り組んできたのです。

　当社のお客様の業界を考えると、切断する対象は硬いものであることは想像がつ

くと思います。そのため、水の力だけで切る方式（ピュア・ウォータージェット）ではなく、研掃材を混合するアブレーシブ・ウォータージェット方式が中心になります。

火花が生じるのになぜ引火しないのか

ところで、研掃材を混合して切断すると火花が生じるのになぜ引火しないのでしょうか？

刃物を使う切断や研掃材を使う切断（機械的切断と呼ばれます）では、可燃物や可燃性ガスがある場合、切断作業中に空気が混ざると、火花で引火してしまいます。切断するとどんどん周りの酸素も一緒に入ってしまうからです。でも、ウォータージェット切断の場合には、着火しません。それは、切られた金属片や研掃材は火花を発するその瞬間に「音速」に近い高速水流に取り込まれて冷やされてしまい、周囲も水幕で覆われてしまうからです。滝つぼの真下で、昔のガスライターに火を点けることが不可能であるのと同じ理由です。

また当社の工事の場合、ウォータージェットで引火性の懸念のあるものを取り除いておくことができますし、可燃性と考えられるものが付いていても、水で湿潤させて冷却してしまうので、火花が落ちたとしても燃えないことがわかっています。他にも、安全を確保するためにあらかじめ配管やタンクを窒素で満たしておくなど、万が一のことを考えて、酸素のない状態も準備して、いかなる引火も避ける対策を講じています。

ここで少し、鉄を切る際に使われている研掃材の歴史についてもご紹介しておきましょう。ウォータージェット切断技術が導入された当時から研掃材にはガーネット

を使用してきました。ガーネットとは、日本語では柘榴石といわれる宝石の一種で、粒子の細かいガーネットは紙ヤスリや工業用の研掃材料として使われています。

　当社がウォータージェット切断を始めた当時、ガーネットは主にオーストラリア、中国、米国などから輸入されていました。粒のサイズや硬度が不揃いの場合には切れが悪いこともあるので、ガーネットに代わる素材も試しておくことにしました。鉄や他の金属を主成分とする硬い粒子粉や、さまざまな研掃用の砂も使ってみましたが、ガーネットに代わるものが見つかりません。その後、専門の商社が細かくて粒のサイズが均一のガーネットを輸入するようになり、現在ではインド産とオーストラリア産のものを中心に使用しています。

　ところで、環境保護意識が高まってきたこともあって、お客様に「ガーネットは再利用ができるのか」ということをよく聞かれます。切断に使った研掃材は産業廃棄物になるため回収しますが、これを乾燥すれば再利用はできそうだと考えるからでしょう。ガーネットの粒が研掃材に向いている理由は角が尖っていることですが、一度切断に使うとほとんどが粉々になり、再利用できる部分がほとんどない、泥になってしまいます。ガーネットの無駄を減らすため、最も効率よく切断装置を運用していくのも私たちの大切な技術です。

▌水の力での切断が選ばれる場面

　ここまで、水の力で鉄を切るようになった歴史をご紹介してきました。ここからは、水の力による切断が選ばれる条件やそのメリット、実際にどのように鉄を切っていくのかを、ご説明していきたいと思います。

ウォータージェット以外で、プラントなどでよく使われる方法は「ガス切断」です。「ガス切断」は、引火や爆発の恐れのあるところでは使えません。円盤状ノコギリのような物理的な切断機も火花が散りますので、これも引火の恐れがあるところでは使えません。そのような環境では、水による切断が最適だといえます。

　狭い場所で施工する場合もガスでは作業の危険が増すため、水のほうが有利な場合があります。またウォータージェットは、小型の切断ノズルでも十分な切断能力を発揮でき、遠隔操作にも適合させやすいのです。

　また、水は加工作業がしやすく、切断面が滑らかという特長もあります。例えば、配管の切り口を斜めに仕上げてほしいと注文されることがありますが、これも水の力を使えば容易に、しかも切り口が滑らかに仕上がります。

　ガスの場合は切り口が滑らかにならず、グラインダーで仕上げる必要があるので、

▲プラントの解体工事。切断後、リフトで持ち上げる

作業の工程が増えます。研掃材が産業廃棄物として出ますが、その回収も他の工法よりも簡単で、周辺への影響を小さく抑えられます。

　続いて鉄を切る方法を具体的に見ていきましょう。水の力で鉄を切る場合には、245MPaの超高圧ウォータージェット「エコマスター・マグナム」という装置を使用しています。ノズルは切断専用のインジェクション・ノズルと呼ばれるもので、研掃材は専用の供給容器（ホッパー）から別に送られて、ノズルの先端部分で噴射水と混合するようになっています。

　ノズル先端を、切断対象面からだいたい5〜10mm離してセッティングします（この距離をスタンド・オフといいます）。これ以上離れると研掃材が一点に集中せず効率が悪くなり、30mm以上離れるとあまり切れなくなります。距離を一定にするため、

▲コンビナートでのガスタンク切断工事の例

ノズルを駆動装置に装着して施工しています。

　切断対象となる鉄板は、主に3〜9mm、厚い場合では19mm程のものが多くなります。9mmの厚さの鉄板であれば、1分間に20〜30cmぐらい切り進めることができます。厚さ150mmの鉄板も切ることができますが、この場合は1分間に10mmぐらいの切断スピードになります。

　時間をかければどんなに厚くても切れるというものではなく、テストでは400mmの鉄を切っていますが、インジェクション・ノズル方式の実用性は150mm程度までと考えています。

タンクや配管の切断

　序章でも球形タンクを切断した話をしましたが、もう少し施工方法を詳しくお話ししましょう。

　球形タンクや円筒形タンク、煙突やプラントを縦横にめぐる配管を「輪切り」にすることで、撤去工事を進めていきます。切断ノズルヘッドを正確に動かすために、レール状のガイドをもつ「トラバーサー」という仕掛けを切断対象に取り付けて、ノズルを走行させる方向と、スタンド・オフを正確に合わせます。的確なスタンド・オフと安定した速度で切断ヘッドノズルが動いていくと、厚みのある鋼鉄製のタンクや配管が、確実に切断されていきます。

　1周5m程度の配管までなら、トラバーサーの走行レールや走行用のガイドチェーンをあらかじめ1周巻き付けて、切断ヘッドを動かします。駆動用のエアモーターで歯車（スプロケット）が回り、ゆっくりとトラバーサーを前進させていきます。

▶従来はガイドチェーンでノ
ズルを移動させた

▶球形タンクに吸盤式トラ
バーサーを装着して切断

▶下半分だけになったガスタ
ンク

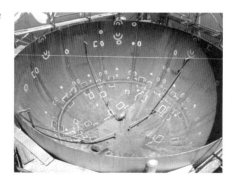

一方で、これを超える大きさの円筒や球形に対しては、2～3mを一つの区切りとして、曲面に沿うしなやかなステンレス製のレールを対象物に取り付けて作業します。111ページの写真でご紹介しているのは、たくさんの吸盤式の足で支えられるトラバーサー・レールを敷設するタイプです。対象物の表面が錆びていたり、塗装が悪くなっている場合は、「超高圧剥離」の噴射装置を用いて、あらかじめ表面をきれいにして吸盤の装着を行います。トラバーサー・レールを複数の作業者で所定の位置に構えて吸着させ、万が一にも外れてしまうことのないように確認して切断準備が整います。

　吸着式が導入される前は、大きなタンクにワイヤーを1周巻いて、そのワイヤーに沿わせるようにガイドチェーンを張り（もしくはじかにチェーンを1周巻き付けて）、切断位置がずれないように何度も調整しながら準備をしていました。そのため、「どの程度まで大きなものが切れますか？」と問われた場合、「ワイヤーとガイドチェーンを巻き付ける方法を思いつける限りは何とかします」とお答えしていたものです。

　平らな構造物の場合に、ストレートのレールとガイドチェーンを併用したトラバーサーを準備して作業していたことから、「これを曲面に沿って装着できるように改造してみよう」と、吸盤式のトラバーサーが生まれたのです。切断箇所を移動しながら作業を進めることで、段取りの時間を短くすることに成功しました。

　この施工方法は「ウォータージェット・カッティング・システム」という名称を使って、多くのプラントへご提案しています。システムを構成するウォータージェットはエコマスター・マグナムで圧力は200～230MPaの範囲で使用し、吐出水量は毎分12～20ℓに抑えられています。当社で改良を重ねたカッティングヘッドを採用し、対象物の厚さにもよりますが、1分間に5～25cmの切断能力を発揮します。研掃材

▲巻き付け型トラバーサーで配管を切断

のガーネットは硬度が高いものを選んでおり、毎分 800g ～ 1kg とかなり使用量を抑えています。

熟練作業員が眼と耳で判断

作業員はトラバーサー上を走行する装置を遠隔操作するだけなので、比較的簡単な作業だと感じるかもしれませんが、実際にはかなり高度な技術が必要となります。なるべく速いスピードでノズルを動かしたいと考えますが、しかし、速く動かしすぎると完全には切断されず、残ってしまう部分ができてしまうのです。

確実に切断しながら、かつ速く動かすために、現場の作業員は自分の眼と耳で切

▲吸盤式の足がついたトラバーサーのレール

▲トラバーサーによって走行する切断ノズルヘッド

断されているかどうか判断しながらスピードを操作する必要があります。この判断に高いスキルが必要となります。判断基準は水の跳ね返り方とその時の音ですが、見極めるには豊富な経験が必要です。そして切断対象物が厚くなればなるほど、判断と操作は難しくなります。

お客様から、「そんなに丁寧に切らなくてもいいですよ」と言われることもあります。他の工法の切り口に比べると、溶けたり、ちぎれたりしていないので、丁寧に仕上げたように見えるからなのでしょうか。よく見ると、研掃材が切り裂いた歯形がある程度で、確かに細かいヤスリで研いだような切り口です。トラバーサーが移動する速度がゆっくりなので、「多少なら、雑に切っても差し支えありませんよ」と言っていただくこともありますが、実は、研掃材の混合比率に注意を払い、切断速度を微妙に調整することで、「一番急いで切った結果」こうなっているだけなのです。きれいに切るのが一番早い、というわけです。

さらなる切断性能と効率を求めて

ところで、「熟練作業員の眼と耳に頼らなくても、確実に切れる速度で一定に動かせばいいのでは？」と思われた方もいるかもしれません。が、実はそれほど単純ではありません。ここまでご紹介してきた切断方法の場合、研掃材と一緒に空気も混合されます。インジェクション・ノズルの内部構造も改良を続けてきましたが、「空気の混入によるムラ」が切断速度の変動原因として課題を残していました。

そこで、研掃材と高圧水による切断性能をまったく新しいものにするため、水と研掃材だけを混合するアイデアが出てきました。これを実現したのがドイツのANT

社です。最新の混合装置 AMU（Abrasive Mixing Unit）を開発し、ウォーター・ア ブレーシブ・サスペンション切断（WAS 切断）という技術を確立しています。当社 はこの装置を運用できる日本のパートナーとして、これまでのウォータージェット切 断の限界を超えた工法をご紹介できるようになりました。

　この AMU を運用するときには超高圧ウォータージェットにエコマスター・マグナ ムの最高使用圧力に近い 240MPa を使い、吐出水量は毎分約 10 〜 16ℓ で調整しま す。AMU で研掃材と超高圧水をあらかじめ混合してからノズルに送るので研掃材 の混合量にムラがなくなり、そのため切断速度は一定し、切断面もさらに滑らかに なりました。吐出水量や研掃材投入量を削減できる他に、ノズルに接続されるホー スが 1 本（従来方法では、水と研掃材の 2 本が必要）になるため、トラバーサーを

▲眼と耳で確実に切断されていることを判断する熟練作業員

小型にしやすく、取り回しも楽になります。

　また、噴射するノズルの孔径が小さいためノコギリの歯を強靭にして薄くしたような原理で、効率よくエネルギーを集中させる効果が得られました。対象物を切り裂く幅も狭くなり、2倍以上の速度で切断することができるようになったのです。

水の中で切る

　水中の構造物を切断したいというケースもあります。ウォータージェットの従来工法でも水中10mくらいまでは対応してきたのですが、AMUの登場はその可能性を大きく広げました。

　従来工法では研掃材をインジェクション・ノズルで混合しなければいけないという制限があり、これを水中の、しかも遠く深いところですと研掃材の供給方法が難しくなります。乾燥したガーネットの容器から、ノズルまでの距離を無制限に延ばすと、ガーネットの混合に乱れが生じ、均一な切断が難しくなるためです。WAS切断なら、AMUから、最大で200m離れた噴射が可能で、距離による切れ味の損失がないため、深い水中でも確実に切ることができるようになりました。

　原子力発電所の廃止装置であれば、ノズルをロボットに取り付けて遠隔操作による切断ができます。作業員の被ばくを防ぐことが可能です。既にヨーロッパの原子力発電所では実績があり、安全性の確保を考慮すると特殊な水中切断として今後発展する可能性のある領域でしょう。

　海洋建築物では、水面下で構造を支える柱などの整備や部分解体での切断も、ウォータージェットにより可能となりました。海洋国である日本には洋上の施設が数

WAS（Water Abrasive Suspension-Jet）

WAS（ウォーター・アブレーシブ・サスペンション）カッティング

超高圧ポンプで加圧した水に、AMU（アブレーシブ・ミキシング・ユニット）の内部で研掃材を
混合させて、ノズル（ø0.6mm〜ø1.0mm）から噴射する、超高圧ウォータージェット切断の1方式

250馬力のエンジン駆動で
超高圧水をAMUへ送る

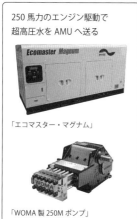

「エコマスター・マグナム」

「WOMA製250Mポンプ」
「エコマスター・マグナム」に搭載されている

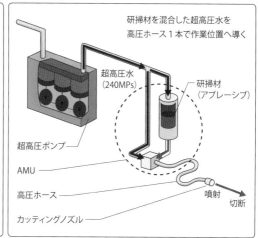

研掃材を混合した超高圧水を
高圧ホース1本で作業位置へ導く

超高圧水
（240MPs）

研掃材
（アブレーシブ）

超高圧ポンプ

AMU

高圧ホース

カッティングノズル

噴射

切断

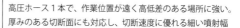

高圧ホース1本で、作業位置が遠く高低差のある場所に強い。
厚みのある切断面にも対応し、切断速度に優れる細い噴射幅

多くありますので、今後の進展が期待される分野です。

　しかし、まだ課題も残ります。厚さが均一のものを切るのであれば、AMUの性能にある程度頼ることもできますが、厚さが一定でない対象物や、内部構造が複雑でどのようにノズルを操作するかの判断が難しい場合があるためです。やはり熟練作業員の経験による判断に頼るしかありません。そのため、水中作業用の特殊なカメラやマイクを装備した遠隔操作のテストを重ねていこうとしています。

　水による切断技術は、まだまだ未開拓・未開発の分野が多く、逆にいえば伸びしろの大きい分野です。AMUが登場したことで、水中で切断するという分野が大きく開けました。今後は、この方面での技術開発と需要開拓が一つの方向性となるでしょう。

■ 「現場」で使い続けられるために

　これまで、ウォータージェットのさまざまな用途をご紹介してきましたが、振り返ってみてわれながら驚いたことがあります。それは、お客様からさまざまな要件をお話しいただいた瞬間から工事完了までを一直線につなぐ私たちの仕事の速さです。

　工事が始まった以上は、予定の工期で仕事を完了させなければなりません。それを可能にするために、業務スタッフは職人技を駆使して、さまざまな機器の性能を引き出します。駆使される職人技は常に進化しており、技術のバックデータとして蓄積されていきます。

　さらに施工全体を計画して管理監督する営業スタッフの保有する経験知、すなわちノウハウと、過去の仕事から得られた膨大なユーザーデータは何にも代えがたい

ものとして、同様に蓄積されていきます。これらが当社にとっての「ビッグデータ」であり、これがあるからこそ私たちは迅速に仕事ができるのです。

　私たちの施工計画と予算見積りをお客様へ提出すると、「なるほど、この予算ならできるのだね。何とか工面して、今期内に実施しよう」と計画がスタートします。

　一方、短い工期の案件では、「その日の晩から、現場に入れるか」、「週明けの朝一番には現場が再稼働できるか」、さらに切迫した案件では「設備が停止できるのは数日しかない」といった場面もあります。こうなると、息をつく暇もありません。「監督や特殊機器のオペレーターは、今の現場から移動が間に合うのか」、「協力していただく企業からの資材は調達できるのか」、「ウォータージェット施工用のさまざまな機材や作業スタッフは揃うのか」、「お客様の監督管理部署への報告や手続きが手ぬかりなく出せるのか」、「安全を確保する足場や養生工事はどうか」、「協力してくださる多くの企業の体制や装備は万全か」などなど。営業スタッフはこれらの手はずを整えるため、目にも留まらぬほどの俊敏な動きをします。

ある現場での１日

現場はある高速道路。３日間の補修工事の３日目です。その日は５時間ウォータージェットのポンプを回し続ける計画になっていました。だいたい500時間に１回オーバーホールしなければならないポンプで、そろそろ保守時期でしたが、今回の工事を終えてもまだ余裕があるはずでした。

ところが工事中に作業員は「どこかがおかしい」と感じていました。作業のスピードが微妙に遅いのです。仕上がりを見て感じるときもあります。どちらにしろ微妙な差ですが、熟練の作業員にはこの違いが感じられるのです。

現場監督をしている営業担当も作業スタッフも「異変」に気づきました。しかし、全員が顔色一つ変えずに作業を続行しています。立ち会っているお客様の担当者に余計な不安を与えないためです。

休憩時間になりました。現場のスタッフ全員でまず調べられることを調べ始めます。調べる順番は、工事対象物に近いところからです。まずノズルを調べ、次はホース、ホースとホースのつなぎ目、そしてポンプです。現場でやれることはやり尽くします。

工事計画を立案する際には、あらゆるリスクを想定しています。ちょっとした故障であれば、予備部品が必ず用意されているので、その場で対処が終わります。サポート・スタッフに電話があるようなことは工事100回につき１回ぐらいの割合でしょう。

「今回はどうもポンプのようだ。これは大至急サポート・スタッフに電話しなければいけない」と作業員は判断しました。そこで先に、営業担当に「もう少し調べよう」と一言だけ伝えます。営業担当はそれを受けて、工程管理の部署に電話をかけます。

万が一に備えて、代替装置が手配できるかを並行して確認してもらうためです。工程管理部署は、工事計画をチェックし、装置の手配をする部署で、スタッフは今どこにどの装置があるのかをすべて頭に入れています。

現場の作業員が、サポートエンジニア部署のスタッフの携帯電話に連絡を入れると、サポート・スタッフが短い返事を返します。

「どうしました？」

サポート・スタッフによる「問診」（トラブル・シューティング）が始まります。サポート・スタッフの頭の中には、作業員の熟練レベルも入っているので、それに合わせて的確な質問をしていきます。

「エンジン回してみて。何か異音がする？」

とサポート・スタッフが聞くと、「ちょっとカタカタいっているな」と作業員が答えます。

　高圧力の水を噴射するポンプを回すためのエンジンなので高出力です。エコマスター・マグナムは可能な限り低騒音に設計していますが、それでもキャビネットの内部には大きな駆動音が響いています。「何か異音がする？」と聞くほうも聞くほうだと思うかもしれませんが、実際に熟練の作業員はその異音を聞きわけ、答えることができるのです。

「その音はたぶんサクション側だな。ちょっと左から順番に触ってくれないかな」

「2番目が熱いな」

「そこか。前回1番目を交換したんだがな」

「どうしよう？」

「ちょっと待って。工程管理と話をする」

　工程管理スタッフは既に営業担当から話が伝わっていたので、サポート・スタッフとのやり取りはスムーズでした。

　サポート・スタッフから作業員に電話がかかってきました。

「今回は、最終日なのでやりきってくれ。あと2時間ならやりきれるはずだ。最悪ポンプが壊れてもいい」

「わかった」

　工程管理スタッフからも、営業担当に同じ内容が伝えられます。

　サポート・スタッフの判断は、だいたい次の三つのパターンのどれかです。

①装置が壊れてもいいので、そのまま工事をやり遂げる

②すぐに工事を中断して、手当てをする（現場でできる場合とサポート・スタッフが全部品を持って駆け付ける場合がある）

③代替装置を持って駆け付ける

　レースに例えると、①はエンジンブロー覚悟で最終ラップまでは走りきれという指示、②は緊急ピットイン、③は車両交換にそれぞれ該当します。

　工事は、必ず計画通りに仕上げなくてはなりませんが、このようなトラブルは起こり得ます。もちろん上記は最悪に近いトラブルですが、それでも私たちは現場で冷静に対応し、工事を完了することが大切です。

・リスクを想定して綿密に工事計画を立案し、準備すること

・営業担当も作業員も現場と装置を知り尽くしていること

・バックでサポートしている人たちが熟練している上に、現在行われているすべての工事について把握していること

　こうした努力の積み重ねと、仮にトラブルがあっても日進機工は工事を必ずやり遂げるという信念が、お客様の信頼につながっているのだと思います。

第 5 章

工場の設備
一つひとつに精通する
プラントメンテナンスの専門医

プラントメンテナンスは、外科医師の仕事と同じ

　ここでは、プラントメンテナンスという視点から、私たちの仕事とその社会的な役割について、現場の最先端でお客様と接している社員を紹介し、彼らが日常どのように奮闘しているかをお話ししたいと思います。

　これまでご紹介してきた通り、超高圧ウォータージェットの登場がきっかけとなって、当社の事業範囲は大きく広がりました。しかし、事業拡大に伴い、配管だけではなくプラント全体を理解し、前工程と後工程のつなぎの部分にまで目配りした上で、お客様に最適な提案をしていく「プラントメンテナンスの専門医」へと成長していかなければ、本当の意味でのお客様の信頼を得られないと思うようになっていきました。

「プラントメンテナンスの専門医」という言葉をなぜ使うのか、それはプラントメンテナンスと外科医の仕事は似たところがあると考えるからです。

　まず、プラントメンテナンスではプラントの設備についてよく知っている必要があります。これは外科医が人間の臓器について深く知っていなければならないことと同様です。知っているだけでなく、メーター類が示す値からトラブルが起こる兆候なども見極められなければなりません。

　さらに、職人的な技術が求められること。外科医の手先の器用さは驚くべきものがありますが、メンテナンスの熟練作業者も負けてはいません。

　長い経験で培った技術、ノウハウが強みになるのも同じです。その上で、最新のテクノロジーを駆使するところも似ています。知識、ノウハウなどを全体で蓄積し、

共有している組織（プラントメンテナンスなら企業、外科医なら病院）が強いのも同じだといえます。

　しかし、私たちはまだまだプラントの一部しか理解できていないのも事実です。外科医が人間の身体全体を知っているようなレベルになるには、まだ遠いと思っています。「プラントメンテナンスの専門医」を目指して、日々努力している段階なのです。

プラント内の厳しい安全基準

　まずプラントメンテナンスの仕事とはどういうものか、ある製鉄所の例を題材として紹介します。

　東海支店の橋本支店長は、お客様の製鉄所に毎日のように通い、製鉄所に入るための入所許可証を携帯しています。入所許可証を提示して、製鉄所の巨大なゲートをくぐるたびに自分自身の身が引き締まるといいます。彼が緊張するのは業務への緊張感に加えて、製鉄所の安全基準が極めて厳しいからです。

　例えば広大な敷地の製鉄所内の道路には、自動車事故を防ぐため速度制限の表示があります。事故を起こさなくても、制限速度より少しでも超えたことが発覚すると、厳重注意を受けます。交差点では一旦停止して、実際に指先確認をすることが当然とされています。

　さらに安全基準の厳しさを物語るエピソードがあります。製鉄所内には、出入りしている協力会社の事務所が多くあります。この周辺道路の一部は 20km/h 制限です。以前は 30km/h でしたが、協力会社同士の出合い頭での事故があったため、対

策として制限速度が抑えられました。再び事故を起こすことのないように厳しい基準が設けられているのです。

彼は 30 年以上この製鉄所に出入りしていますが、所内の緊張感は外とは別世界のようだと、今でも話しています。

プラント内の洗浄作業

その時、彼は製鉄所の脱硫吸収塔内の充填材の洗浄作業を指揮していました。プラント内での洗浄作業を紹介するのに、これは格好の事例です。

脱硫吸収塔とはどんな施設か、その説明の前に製鉄の工程全体について紹介します。大きく分けて四つの工程で鉄は製造されています。

製鉄の工程

① 焼結鉱とコークスの製造

焼結鉱とは、粉状の鉄鉱石と石灰石を、約 1,300℃の高温で焼き固めて 5 ～ 25mm 程度の塊にしたもの。コークスは、石炭を蒸し焼きにして石炭よりも発熱量を高めたものです。

②銑鉄を抽出する工程

高炉と呼ばれる設備の中で、焼結鉱とコークスを化学反応させて、銑鉄を取り出します。焼結鉱に含まれる不純物をスラグといい、この工程で分離されます。

③鋼を造る工程

転炉と呼ばれる設備に、銑鉄と鉄のスクラップを入れて高圧の酸素を吹き込むと、

不要な炭素分が取り除かれ、炭素含有量を 1.7％未満にした鋼が生まれます。さらに二次製錬の工程で化学成分の最終調整を行い、炭素含有量や化学成分の割合を整えて、最終製品の硬さや性質を決定します。

④連続鋳造

製鋼工程の最後は連続鋳造と呼ばれ、溶融している鋼を特定の形状と大きさに固めて最終製品にします。

①でコークスを製造する際に、石炭を蒸し焼きにしますが、このときに、COG（コークス炉ガス）という可燃性のガスが発生します。COGを分離する際には、工業用に有効な成分を、いくつかの精製工程を経て取り出します。その中の SO_2（二酸化硫黄）を取り除くための設備が脱硫吸収塔です。なお、これらの有効成分を取り出し終わった純度の高い COG は高炉やコークス炉などの燃料として使用されます。

有害物質が外に出ないように、脱硫吸収塔の中には充填材が敷き詰められています。稼働しているうちに、充填材には有害物質が溜まり、それはコールタールのようにカチカチになります。こうなると充填材は役目を果たせなくなり、有害物質が外に漏れ出てしまうので、定期的な洗浄が必要です。作業日程は約2週間です。

この製鉄所の脱硫吸収塔は複数ありますが、対象となるのはそのうちの1塔ずつです。複数存在するのは、メンテナンス作業の際に操業を停止しないためです。

最初に施工関係者で段取りを確認します。そして、段取りの最終日、洗浄作業を行う前に塔底と呼ばれる部分にたまったスケールを先に吸引車で回収しておきます。

充填材は洗浄しながら取り出します。最初は入り口から少しずつ取り出しながらガンで洗浄していき、人が入るスペースができたら、作業員が実際に脱硫吸収塔の

▲製鉄所内の脱硫吸収塔

中に入って作業します。

　プラントの中では作業服やヘルメット、安全靴の着用は当然ですが、脱硫吸収塔の周辺は空気が悪く、さらにゴーグルや防塵マスクが必要です。

　作業員は使い捨ての紙製のつなぎを作業着として着用します。これを休憩するたびに交換します。脱いだものをまた着ようとすると、付着したタール分が皮膚に移り、炎症を起こしてしまうことがあるからです。だいたい１回の工期で作業着を1,000枚以上使うことになります。これ自体も産業廃棄物になるため、脱ぎ終わった後のたたみ方や捨て方まで決まっています。

　また洗浄作業員が使用するエアラインマスクという高性能のマスクは、１個あたり10万円もするものですが、洗浄しても落ちない物質が付着するため、１回の作業

で使い捨てます。

　洗浄後の充塡材は、下の写真では金属のように見えますが、実はプラスチック製で、新品は真っ白です。これにタール状のものがギッシリと詰まり、カチカチになるのです。この充塡材を破壊しないように、圧力は40MPaに抑えて洗浄します。直射ガンを近づけすぎると充塡材が破損してしまうため、5～10cmという適切な距離を保って慎重に作業することが求められます。

　洗い終えた充塡材は全部集められた後、クレーンで別の場所に運んでいってそこで乾燥させます。

　充塡材を洗い終えると、次は塔の中を洗浄します。2人で塔内に入り、2時間ほど洗浄したら交替して続けていきます。

　配管など元々水が流れる構造になっているものは別として、多くの設備は水浸し

▲洗浄後の充塡材

▲集められた充塡材

になっては困るものです。塔も同様で、洗浄しながら同時に水を回収しなければなりません。それでも、地面に溜まってしまう水もあり、当然これも回収が必要となります。製鉄所のメンテナンス作業では、回収作業が7割以上です。

　回収した廃液は、もちろん海や河川などには捨てられず、所内にある専用のタール池に廃棄します。タール池の廃水は、一部はアスファルトに加工して再生利用されますが、大部分は産業廃棄物として専門業者が処理します。

　充填材の洗浄では、廃液にゴムを溶かす性質のあるタールが混ざってしまうため、回収用のホースはすぐに劣化し、回収のための吸引車自体もボロボロになります。

　この後は、乾かした充填材を再充填し、塔底部に溜まった水を回収します。そして、作業場所を清掃した後作業完了確認を行い、最後に作業道具を片付け、吸引車が

▲塔底部

回収した廃水を所定の場所に廃棄します。

万全を期すのは大げさではない

『徒然草』に「高名の木のぼり」という話があります。木登りの名人といわれた男が、人に指示して木に登らせました。高い所にいる時には黙って見ていたのに、飛び降りても平気なぐらいの高さになったとたんに「気をつけて降りろ」と声を掛けました。それを見ていた人が不思議に思って名人に問いかけると、「危ない場所では自分でも気をつけるので何も言わないのですが、失敗というものは気持ちが楽になると必ず起こるものなので」と答えたというのです。実はプラントでも事情はまったく同じなのです。橋本支店長は、くどいほどの安全教育が必要なことについて、次のように語っています。

「ほとんどのトラブルは、技術的に難しいとか、場所的に危険なところでは起こらないのです。逆に、子どもや専門外の人でもできるようなことで、いろいろなトラブルが起きる。だから、あたりまえのことを繰り返し繰り返し教育することが必要なのです」

大人だから言わなくてもわかるだろうということではなく、子供でもわかるようなことを疎かにした結果、事故が起きる。万全を期して、すぎることはないのです。

彼が、30年以上も同じ製鉄所に出入りしていると聞いて驚いた方もいるかもしれません。いろいろな業界のケースやノウハウを知り、それを他の場にも活用することが求められる開発部門は別ですが、営業部門の社員には、一つの業界で営業と施工管理をこなすことを求めています。

なぜこのような方針を採用しているのか？　それは「プラントメンテナンスの専門医」を目指すからには、お客様の一つひとつの設備に精通していなければならないからです。

　また当然のことですが、例えば鉄を作ることに関しては、お客様以上の専門知識を得ることはできません。しかし、現在の日本の産業は専門性を高めるため、高度に細分化されているので、個々の工程については詳しくても、全体像が見えにくくなっているのも事実です。特に当社が行っている配管洗浄は、物理的に工程と工程をつなぐ配管を常に見る作業。工程の「つなぎの部分」はお客様でも気づきにくいところです。

▲大事を未然に防ぎ評価いただいた感謝状

　長年通っている当社の社員であれば、わずかな違いも気づくことができます。そこからお客様にご提案できれば仕事につながり、場合によってはお客様から感謝状をいただくようなこともあります。

　そんなエピソードを一つご紹介します。

　発電所のメンテナンスを担当している第三営業部の栁田課長は、ある時、自分が通っている発電所の排水ピットを見ていて違和感を覚えました。すぐにメーターを見てみると、排水ピット内でわずかながらレベル上昇が起こっていることに気づきました。春先のことでしたが、このまま放っておく

と、電力需要がピークとなる夏に発電停止という事態を招くのではないかと考えたのです。

そこで担当者に自分の危惧を報告しました。すると、大事に至る前にいち早く対応できたと、彼の報告がお客様から評価されました。そして、感謝状をいただくことになったのです。

彼が報告しなかったとしても、お客様側で気づき、大事を回避できたのかもしれません。また、排水ピットではなく発電関連の設備であれば、お客様もその日のうちに気づいたことだと思います。しかし、排水ピットを毎日細かく点検したりはしないでしょう。そう考えると、いつも「つなぎ」の部分を見ている私たちだからこそ、気づいたことだというのも言いすぎではないと思うのです。

このようなエピソードは、主治医が常に血圧をチェックしていて、ちょっとした上昇から大病の予兆を見逃さなかったというような話に通じると思います。

プラントドクターの仕事

柳田課長は、当社に18年前に入社しました。彼が入社した時は、まだ現会長の林繁藏が社長を務めていました。その時社長から「日進機工はプラントドクターを目指す者の集まりで、それこそ1人の担当者にすごい権限が与えられる。自分で考えて自分でやりなさい。いろんな先輩がいるけれど真似する必要はないよ。ルールはないというより、君がルールなんだ」というようなことを言われて、これは面白そうだと入社を決意したといいます。彼は常に最適な方法を見いだす人間で、安全基準はもちろん守りますが、仕事の進め方についてはマニュアル通りに物事を進める

のが嫌いなタイプです。実際に入社したら、本当に社長の言う通りだったといいます。一つの会社を長く担当することについて、彼はこのように言っています。

「ずっと同じ会社を担当させてもらっているので、お客様のほうでも担当の方たちが一緒に昇格していくんです。『このまま一緒に役職が上がり、一緒に定年までいよう』などと言ってくださいます。栁田がいるから仕事を発注するのだというような雰囲気があります。原発の解体時期は、私が65歳頃になる予定なのですが、何とか定年を延長してもらって、原発の解体作業を最後に引退したいなんて気持ちもあるのです。原発の廃止措置をするのなら、そこまで今の担当の方々と一緒にやりたいですね」

　彼は、プラントドクターとして、その「最期」までを看取りたい、しかも、お客様と「ドクターチーム」を組んで一緒にやりたいという気持ちを人一倍もっています。「お客様には失礼かもしれないですが」と前置きした上で彼はこう話しました。「発電所の設備は構造が複雑なものが多く、客先の担当の方もあまりご存じなく、私だけが知っているような場所があります。このような場所は『自分の設備』だと感じます。メンテナンスをやっているからこそ知っているのですが、そうなるとお客様には栁田がいないと困ると言っていただけるようになります。電力業界はセキュリティなどの関係もあるのでしょうが、一つの企業にずっと仕事を依頼する傾向があり、毎年のように発注先を変えるということはされません。当然ながらこちらも愛着が湧いてきます。やはり定年までは『自分の設備』が停止しないよう、大事にメンテナンスしていきたいですね」

原子力発電所の特殊事情

　発電所でのエピソードを紹介したので、ここで原子力発電所のメンテナンスに関わる、当社の取り組みについてまとめておきましょう。原子力発電所では、ウォータージェットはどのように使われているのでしょうか?

　原子力発電所では、所内のものを廃棄などのために外に持ち出す際に、放射線サーベイという放射線量の検査が必要となります。法律上、原子力施設からの廃材でも放射線量が年間 0.01mSv(ミリシーベルト)以下なら、一般廃材として処分することが許可されているため、搬出前に測定するのです。

　廃棄するためには、まずサーベイを実施します。この後、外へ搬出できるサイズに切断していきますが、このときにガスなど熱の力で切ると切断面にムラができ、その切断面に放射性物質が取り込まれてしまう可能性があるので、外に搬出するには再サーベイが必要となってしまいます。

　これを水の力で切ると、切断面は大変滑らかで、放射性物質は付着しません。そのため、再サーベイが不要となり、コストも削減できるため、廃棄物を切断する際にはウォータージェットが使われることもあります。

　このようなサーベイは、30年以上前から実施しているものです。また、2005年にクリアランス制度(原子力発電所の廃棄物のうち国が安全性を確認したものはリサイクルできる制度)が制定されてからは、以前より厳密になっています。このため、水の力で切断する機会も増えました。

　また、原子力発電所の内部には、特殊素材で加工に時間がかかる部材があり、で

きれば再生利用したいところですが、熱を加えると素材の性質が変わってしまうことがあります。再生利用する場合、熱が加わらないウォータージェットでの切断が選ばれます。

　素材の中には、ガス切断すると温度が上がりすぎてしまい、危険を伴うものもあり、熱を与えない水が採用されるケースもあります。

　ところで原子力発電所に限らず、各種の発電所で使われる部材には特殊合金が多く用いられており、保安上の理由で含有成分を教えていただけない場合もあります。含有成分によってはわずかな温度上昇さえ厳禁の場合もあり、ガスなどの熱切断や、ノコギリなどの刃物による機械切断も難しいのです。そういった場合では、ウォータージェット切断を採用いただくようになりました。

　ある原子力発電所で、配管の開閉をするバタフライ弁を切断したことがあります。直径2.4mにもなる膨らんだ鋼板を張り合わせた弁体を、大きな力でひねって開閉するバルブです。

　切断するときには、対象物とノズルの先端の距離が一定である必要があります。そこで、弁体表面の膨らみに追随できるような装置を開発して対応しました。

石油化学プラントの配管加工

　原子力発電所以外の例では、石油化学プラントで配管にマンホールを取り付けるための「孔」を開ける（わかりやすくいうと、配管の横腹を丸く切るということです）という工事がありました。この配管はガスを送配するものなので、ウォータージェットによる切断が最適でした。

しかし、これが意外と難しいことなのです。プラスチックのパイプなどの横腹に、直角に別のパイプを差す孔を、実際に切ることを想定すればわかると思いますが、切断された面の厚みが一様ではないのです。深く切る箇所と浅く切る箇所があり、水の力の場合、厚みによって切断速度が変わるので、これを計算しなければなりません。議論を重ねて、速く、しかも正確に横から差し込むマンホール配管が接合できる方法を考案しました。

　孔を開けられる元の配管が太くなればなるほど平面に近づくので、太い場合には無理にでも切れるのですが、逆に細くなると曲がりの比率が大きくなります。装置は配管の大きさや形状に合わせることができるようにノウハウを蓄積して、お客様からの依頼に応えています。

日進機工のプラントドクターたち

　当社の社員はお客様先に長年通っているので、お客様が私たちを見掛けると、その場で「日進さん、ちょっと……」と声を掛けられて、相談されることが多々あります。そのような信頼を一体どうやって勝ち得ているのでしょうか？

　化学プラントを主に担当する第3営業部の服部部長はこのように話しています。「メンテナンスの仕事を我われに発注していただけるのは、お客様が忙しくて手が回らないからなのです。お客様の担当者は定時内は他の仕事で忙しいので、定時を過ぎた頃に足を運び、『一緒に検査に回ってください』とお願いします。そして施設を2人で回っていくことが続くと、お客様から信頼していただき『服部さんがいいというならそれで大丈夫』と言っていただくようになります。そのうちに計器室のような

ところにも『入ってもいいよ』と言っていただき、計器室にいる方々とも仲良くなります。またいろいろな雑談をするようになると、今度はお客様のほうから我われが休憩している場所にいらして、相談をもちかけてくださるようになります。私の場合は3年ぐらいかかりましたが」

一旦このような信頼関係が構築されると、今度は他の部門にも紹介されるようになり、プラントの中で当社ができる仕事なら、すべて声を掛けていただけるようになります。

当社には営業の人員が潤沢にいるわけではありません。各部門別で細かい仕事しか取れないと一つの客先に2人以上の営業マンが必要になってきますが、あらゆる相談を受けるようになれば、1人ですみます。結局「お客様と仲良くなる」ということが一番効率のいい営業のやり方ではないかと、服部部長は言っています。

このようなやり方は、若い人にはなかなか受け入れづらい面があるようなので、当社ではこうした人材を育成していくために、若手社員には「まずは、得意分野を作りなさい」とアドバイスしています。服部部長は若い頃はピグ洗浄が専門分野でした。洗浄機が売れると、次は交換用のピグを買ってもらえるようになります。何度も納入していると、そのうちに違う部署や他の会社にも紹介してもらえるようになったといいます。ピグという得意分野のおかげで、彼には多くの取引先ができました。

まず入社してから最初の3年ぐらいは、一心不乱に得意分野を作ることに専念して、その後はそれを活かして自由にやればいいと考えています。

信頼を生んだプロとしての助言

　自動車業界を主に担当している第1営業部の水野部長も、服部部長と共通する方法でお客様から信頼を勝ち得てきました。

　自動車工場のメンテナンスは基本的に休日の作業で、お盆やゴールデンウィークに作業をすることもままありますが、打ち合わせは平日に行われますので、ほとんど毎日お客様の元に訪問することになります。休日は、お客様の担当者も監督のために出勤するので、「お互い大変だねえ」となり、すぐに打ち解けて仲良くなれるのです。プライベートでも飲みに行こうとか、釣りに行こうかという話にさえなります。一緒に過ごす時間が長いので、短期間で顔を覚えてもらえるのです。

　こうなると、お客様の社内を歩いていると別の管轄の方からも「えーっと、日進機工の誰だっけ、そうだ水野だ」ということで、呼び止められて雑談になります。雑談をしているうちに、「そういえば、こんなことで困っていた」と相談されることもあります。営業マンとしては理想的な状態ではないでしょうか。

　彼は熱意のあまり、お客様と意見がぶつかったこともあるようです。それでもこのように信頼関係を結ぶことができたのは、その熱意を理解してくださるお客様が多かったからで、そのことに感謝しているといいます。

　彼が今でも鮮明に覚えているエピソードがあります。

「ある自動車工場で、熱交換器の洗浄のお仕事をいただいていたときです。正月前の冬休み中に工事をするべきだと申し上げたのですが、お客様は先にやることが他にあると言って事の重大さが伝わらず、私もその時は少し強く言い返してしまったの

で、担当者の方は少し気を悪くされたようでした。ところが、私の心配していた通りになってしまったのです。正月明けに工場を再稼働しなければならないものの、熱交換器にスケールがこびりついているので、稼働できる条件の温度まで上がらなかったのです。それが判明したのは生産開始の1日前でした。『何とかしてくれ』と電話があり、作業員をかき集めて徹夜作業をし、何とか生産開始に間に合わせました。このとき、お客様が本当に感謝してくれて『やっぱり水野さんの言う通りにやっておくべきだった』とおっしゃっていただきました。このときは本当にうれしかったですね。一気に信頼関係が生まれました」

　私たちがお客様の仕事について口出しをすることはあり得ませんが、メンテナンスについてはプロだという自負はあります。そのため、どのぐらいの期間でどのぐらいの量のスケールが付着し、いつ頃メンテナンスをしなければならないかということは、私たちが一番知っていなければならないはずです。

　メンテナンスの実施時期を進言することがありますが、お客様にもいろいろな都合があるため、採用してもらえない場合もあります。それが原因でトラブルが発生したとしても、「だからあれほど言ったのに」などと考えずに、お客様の業務にできるだけ支障が出ないようにサポートすることが、絶大な信頼につながると考えています。

　一つのプラントあるいはエリアを10年も見ていると、メンテナンスの分野に関しては、お客様より見えてくる部分があります。そうなると、つい自分のほうが正しいと主張したくなり、お客様の反発を招くこともあります。ある程度プラントのことがわかってきたと感じたときに、このような落とし穴にはまるのかもしれません。
「プラントメンテナンスの専門医」を目指す私たちとしては、伝え方が重要です。

お客様に反発されてしまっては、正しいことでも伝わりません。心のこもった説明をすることで、お客様に納得していただけるよう今後も謙虚な心で取り組んでいきたいと考えています。

全国で認められた水の力

　当社の仕事は多くの企業のお役に立てると信じています。だからこそ、世の中の多くの企業に採用してもらいたいと願っています。

　しかし、業務内容が専門的で多岐にわたるため、以前はお客様に見つけ出していただくことはなかなか難しく、こちらからお伺いしてお客様にご説明しなければなりませんでした。また、「御社のお役に立てる仕事をやっております。一度ご説明に伺わせてください」と言っても、歓迎されることは少なく、すぐに価値を理解して「ぜひお願いする」とスムーズに言われることはほとんどありませんでした。日進機工の名前を聞いたこともないという方が相手なら、なおさらでした。当社は中部地方を本拠地としていたので、東京をはじめ東日本ではほとんど知られておらず、東京を拠点とする企業に受け入れられるまでには、本当に苦労しました。東京支店の梶塚_{かじづか}副支店長は、その時代に川崎や千葉のプラントのお客様を多数開拓してきました。

　彼は事務機器の大手企業で営業を経験し、当社に転職してきました。それまでの営業のやり方は、電話の問い合わせがあったら訪問して提案し販売するというスタイルでした。自分から電話をしてアポイントを取るようなことはなかったのです。多くの営業マンから見たらうらやましい境遇だと思うのですが、彼はそんな日常はつまらないと考え、当社に転職してきたのです。

転職してからは今までの環境と180度変わりました。1日に50件電話をかけて、アポイントが取れるのはたったの3件。ただ、彼はそういう苦労をして結果を出すことが、自分の存在価値の証明になると考え、かえってやる気が出たといいます。

　そんな彼に転機が訪れたのは、当社に入社して4年目ぐらいのことです。
「その頃、超高圧の『エコマスター2000』を当社が購入して、『第三の波』が提唱され勢いづいていました。しかし、あまりにポンプが高性能すぎて、社内でも『こんなのどこで使えるんだ』という否定的な意見があったほどでした。ならば自分が『使える場所を開拓してやろう』と逆に燃え、がむしゃらに訪問して提案し続けました。そうすると中には採用してくださるお客様もいて、その時に『こんなにきれいになるんだ！』、『これなら後の工程がいらなくなった』とすごく感謝されました。それまでの高圧洗浄の時代には、お客様にとっては〝あたりまえ品質〞だったようで、感謝の言葉なんて聞いたこともありませんでした」

　その結果、営業が楽しくて仕方がなくなった彼は、もっとお客様をびっくりさせてやろう、もっとお客様にメリットのあることを提案しようと思うようになり、こんなものがあれば良い品質の工事ができそうだと、自分でも装置を考えて、開発部門に製作依頼をするようになりました。そのうちに実際に装置を使う作業員の安全にも目が向いていき、全方向に目が届くようになったのです。開発部門と一緒に良い装置を作り、それをお客様に提案し、採用されるという好循環が生まれていきました。こうして、彼は、千葉・川崎の大手化学プラントの多くのお客様を獲得することに成功したのです。

インフラの保守・補修への貢献

　建設分野でも超高圧ウォータージェットの出番があると考え、市場開発部ビルテック課（現、エコテック課）を設立し、まずはビルのメンテナンスから取り組もうと考えました。同部署の設立から苦労を重ねてきた古川次長は、当時のことをこのように話しました。

「当初は建設業界に、建物の改修工事などの提案をしに真正面から営業に行きました。そして、だんだんわかってきたことは、建設業界は競争が激しく、どこでもやっているような仕事ではコスト面で勝てないということでした。しばらくは苦戦が続いたのですが、超高圧でコンクリートが削れるんじゃないかと日本でも注目され始めた頃に、阪神・淡路大震災が起こったのです」

　しかし、阪神・淡路大震災の復旧などの用途で、超高圧ウォータージェットがすぐに建設業界で使われるようになったわけではありません。

「当時、建設業界で実際にウォータージェットを使った会社はほとんどなく、実態はまったく知られていませんでした。一方で、我われも建設業界をまったくといっていいほど知らなかった。建設業界の専門用語がほとんどわからず苦労しました」

　専門用語の問題だけでなく、業界の慣習がかなり異なっていたことにも苦労しました。プラントの場合、工事の日程は予備日が追加できる程度で、原則として変更はない、というより変えられません。稼働日がはっきりしているので装置や作業員のスケジュールが立てやすいと言えます。

　ところが建設業界では、当社で装置と要員を手配しても、元請けから工事日程を

▶阪神・淡路大震災を機に注目されるようになった橋脚施工の様子

▶富士川橋コンクリート表面処理

▶画面中央にコンクリート表面処理を行うウォータージェットが見える

変更されることが頻繁に起きました。プラントメンテナンスの工程計画になじんでいる当社の工事部門や協力会社にとって、建設業の日程変更に対しては反発がありました。しかし、お客様に「変更は無理です」とは言えません。彼は板挟みとなって、大変な苦労をしました。相談しようにも社内に建設業界に詳しい人間がいなかったのです。

　その後、装置の絶対数が増えて稼働力が高まったのと、建設業界への理解が進み、先を読みながら工程が組めるようになったこと、協力会社との関係が強固になったことで、この問題は解決していきました。そしてお客様に対しても、どうしても無理な日は無理だと言えるぐらいの存在感を発揮できるようになっていました。

建設分野での認知度向上に向けた取り組み

　実際には、どのように営業を進めていったのでしょうか？
　ビルテック課設立当時からともに苦労してきた川合課長はこのように振り返ります。
「お客様の探し方ですが、耐震補強の工事の情報を手に入れると、業界紙を見て、どの建設会社が受注したかをまず調べます。その会社に電話をして、『ウォータージェットという技術でコンクリートの加工ができる会社なのですが、お伺いしてPRさせていただけませんか』と言うと、だいたいの方は会ってくださいました」

　同じような内容の工事でも受注する企業は毎回違うので、ゼロからまず日進機工を知ってもらい、ウォータージェットについて理解していただく。こういうことをずっと繰り返してきたのです。

お客様への説明はオーソドックスなものでした。お客様はまずはこちらが信用できる企業かどうかを見るので、有名大手企業と取引があるということは強みでした。そこからウォータージェットとそれ以外の工法を、それぞれのメリットとデメリットとともに説明します。「ある工法なら料金は安いが、1週間はかかる。ウォータージェットは、それよりも高いが3日で終わる」という具合です。コストも短期的に考えるか、長い目で見るかで変わってくるので、単純に工事単価が高いからコストもかさむという話ではありません。そのあたりもきちんと説明しました。

　古川次長の述懐です。「社内では他の業界担当と比較されるので、意地で頑張ったところもありました。ですが仕事は面白かったのです。もちろん営業の苦労はありましたが、川合君も私も施工管理もやるので、現場に入って一緒に仕事をするうちに、お客様とも仲良くなっていくし、一度使ってもらえれば実績で判断してもらえるので、リピートもだんだん増えていきました。ゼロからのスタートでしたが、自分たちのお客様が広がっていく、自分たちを必要としてくださる人たちが増えていくことが本当にうれしく、やりがいや面白さを感じました」。

　このように現場でお客様と一緒に働くことで、必要とされ感謝される喜びをより間近で感じることができます。この喜びこそが、当社で活躍している多くの社員の原動力になっているのだと思います。

memories

スムーズではなかった「超高圧」

開発企画部開発企画課課長 濱 高志<ruby>濱<rt>はま</rt></ruby> <ruby>高志<rt>たかし</rt></ruby>

「超高圧」のエコマスターを見たとき、その能力に我われは目を見張りました。しかし、いくらお客様に「すごい能力ですよ」と言っても、すぐに受け入れてもらえたわけではありません。

その理由の一つは、従来の高圧のウォータージェットでも十分な品質なので、超高圧の必要性を感じないということでした。

また、サンド・ブラストを好まれているお客様に「水だけで落ちますよ」とアピールしても、「サンド・ブラストだと剝離のあとがザラザラになるからいいんだ」と返されたこともありました。このザラザラはアンカーパターンといいますが、これがないと剝がれてしまう塗料があります。その後、水で剝離しても最初に付いていたアンカーパターンが削れないということがわかり、この問題は解決しました。

しかし、一番多かったのは超高圧だと「物が壊れるのではないか」、「穴が開くのではないか」と心配されることでした。どこへ行ってもこれは必ず聞かれました。

これは実際に見ていただくしかないので、ジュースのスチール缶を持っていき、そこに超高圧で水をぶつけても、塗料だけが剝げて缶に穴は開かないことをデモンストレーションで何度もご覧に入れました。

この経験から、いい技術でも新しいことが受け入れられるには、かなりの苦労と時間、そして工夫が必要だということを身をもって知ることになりました。

column
綿密な作業安全施工実施計画書

限られた期間で作業を終了させるためには、綿密な計画書が必要です。当然、安全に施工しなければなりません。単なる「作業計画書」ではなく、さらに高いレベルの「作業安全施工実施計画書」が求められます。製鉄所の脱硫吸収塔内の充塡剤の洗浄作業を例に説明します。

詳細な作業手順の中には「安全ポイント」という項目があり、それぞれの手順における安全策を明記する必要があります。作業安全施工実施計画書は、まず施工担当会社がチェックし、お客様側に提出されます。お客様側では監督室でチェックした後、工事責任者が最終的に承認します。

2週間の作業ですが、実質的な洗浄・清掃作業は、大きく四つのフェーズに分かれていて、それぞれのフェーズごとに12〜14工程の作業があります。各工程の作業内容は、かなり細かく定義され、一つの工程は長いもので2時間強、短いものでは10分程度です。

これだけ準備をしていても、人のやることに絶対はなく、事故は完全にはなくなりません。事故発生時はその再発防止策を報告する義務が生じます。その報告をベースに、同じ事故が二度と起こらないように恒久対策がとられます。

30分間の始業前ミーティングは、作業者全員で「作業安全施工実施計画書」を確認し、周知徹底します。

例えば、コークス工場と呼ばれるエリアに入るためには、「コークス工場立入教育」という短時間のレクチャーが全員参加で行われます。コークス工場に立ち入る際には、有毒ガスの検知器を携帯しなければなりませんが、打ち合わせの場で測定作業をし、使い方を確認すると同時に機器の点検もします。

また、作業者全員で危険箇所を確認し、対策を考えて危険予知用紙というシートに記入します。その後は、コークス工場への作業立入申請を行い、工事立入許可旗を借用します。

酸欠の危険や有毒ガスがないかなど安全確認を実施して、実際の作業に取り掛かります。

作業が完了したら、現場監督に報告し、監督が作業完了を確認した後に、現場を片付け、廃液を処理します。

後片付けが終わったら、工事立入届に所定の事項を記入し、工事立入許可旗を返却。そして、最後にもう一度作業者の体調を確認して、一つの工程が終わるのです。

第 6 章

ウォータージェット工法の未来

顧客満足を超えて

　日進機工は 2015 年 2 月に創立 50 周年を迎えました。ここまでお伝えしてきた通り、当社はウォータージェットの進化とともに発展してきました。この章ではウォータージェット以外の分野にも触れながら当社が 50 年間大切にしてきた理念や、仕事に取り組む上での思い、将来の展望などについてお話ししたいと思います。

　当社では創立 50 周年というこの機会に、改めて企業理念について考察し、「顧客満足を超えた顧客感動を目指す」企業にしていこうと決意しました。

　私は、顧客満足の前に「顧客納得」というレベルがあると考えています。

　第 5 章で、梶塚副支店長が言っていた言葉を再掲します。

「それまでの高圧洗浄の時代には、お客様にとっては『あたりまえ品質』だったようで、感謝の言葉なんて聞いたこともありませんでした」

　これが「顧客納得」です。可もなく不可もなく、問題を起こさないから使い続けてはいただけます。しかし、競争相手が値段を下げてきたら、たちまち仕事をもっていかれてしまうでしょう。

　ISO9001では、「顧客満足」を「顧客要求事項を明確にし、それを満たす」と定義していますが、これは要求仕様通りのことができれば良いということであり、私の考えでは顧客納得のレベルではないかと思います。顧客満足というのは、これに何か「付加価値」がプラスアルファされた結果、お客様が喜んでくれたというレベルでしょう。

　さて、彼の話に戻ります。

「（超高圧ウォータージェットを説明しに）結構がむしゃらに訪問したら、採用してくださるお客様もいて、その時に『こんなにきれいになるんだ！』、『これなら後の工程がいらなくなった』とすごく感謝されました」

「超高圧」の登場で、「顧客感動」にまで至ったのです。彼も大いにやる気になり、業績も右肩上がりに伸びていきました。

「顧客満足」は、お客様に喜ばれるレベル。例えば、お客様が困っているときに、徹夜してでも解決する。こうすれば、お客様は喜んでくださいますし、私どもにとってもうれしいことです。

「顧客感動」とは、お客様がびっくりするレベル。「えっ、こんなことができるの？」、「えー、そこまでやってくれるの？」というレベルです。よく「サプライズ」といいますが、これに近いものです。お客様がびっくりすると、私どもはうれしいだけでなく、やる気が変わってきます。また、驚かせて差し上げようという気持ちになるからです。このレベルになると、お客様は当社から離れられなくなるのではないでしょうか。

「顧客感動」という言葉は、私が考え出したわけではありませんが、私たちが今後も成長を続けていくためには、お客様に感動を与え続けることを目指していきたいと思っています。

立体車両展示装置の製造・販売事業

「顧客感動」の一つの事例として、現在、当社が力を入れている「立体車両展示装置」をご紹介します。

当社は、1983年に機械式駐車装置の製造・販売事業を開始しました。当社が持つ工場の稼働率向上が最初の狙いです。その後、商品のバリエーションを増やすため、他社の立体駐車装置も扱うようになり、駐車装置関連の販売は順調に伸びてきました。

　そんな中、1999年に東京のお台場にある「MEGA WEB」という、立体駐車場を活用した展示場を見た愛知県のある自動車販売ディーラーの社長から、「自社の店舗であのような目立つ展示スペースを作れないだろうか」と相談を受けました。しかし、通常の店舗では、そんな大掛かりな設備を導入することはできません。

　当社が製造する立体駐車装置の一つに、中心にカーリフトを設け、左右に4段の駐車スペースを持つ8台収容の駐車装置があります。これなら、規模もコストも要望に見合うものになりそうです。

　早速その装置を少しアレンジして店舗に設置してみました。すると、単に目立つだけではなく、装置から展示車両を搬出するプロセスが面白く、店舗を訪れたお客様に好評でした。

　担当した機工部の大野次長は、「これは新しい展示の形になる」と考え、より車両を美しく見せるために、柱の位置や太さ、電気配線の取り回しなど、装置のデザインを変更し、見た目をすっきりさせ、意匠登録までしました。さらには、照明の当て方も専門の会社と協力してデザインし、従来の機械式駐車装置ではない、まったく新しい「立体車両展示装置」を作り上げたのです。名前も「AUTOMOBILE TOWER DISPLAY（ATD）」としました。

　我われは、店舗面積が小さく車両の展示スペースが不足がちな大都市圏のディーラーにこそ、ニーズがあると思っていました。が、最初に火がついたのは、北陸、

▲ディーラー向け立体車両展示装置

北海道、東北といった地方の都市でした。展示車両の台数の確保という目的よりも、その視認性、広告塔としての効果を買われたわけです。

　実際、導入していただいた店舗は集客が大きく伸びたようで、お客様から感謝の言葉をいただいています。ATDは、その地域のランドマークとして、多くの方に認知されています。

　販売の初期には、大手の駐車場メーカーと競合になることもありました。しかし、他社は、ただ、従来の機械式駐車装置を担いでくるだけでした。当然、価格は当社のほうが高くなります。それでも、製品とコストが見合っていることを理解していただくと、お客様は当社を選んでくださいました。顧客感動を目指して仕事をしていると、それ自体が他社にとって参入障壁になるのです。

　少子化、若者の車離れが叫ばれて久しい昨今、多くのディーラーが、顧客獲得のためさまざまな施策を行う中、我われの製品が、店舗に足を運ぶお客様に「感動」を与えたことが、私どもの直接のお客様の「感謝」、「感動」につながったと思います。

東北企業の生産性向上への貢献

　トヨタ自動車の東北展開がきっかけとなり、東北での雇用の創出やものづくりに貢献できればと、当社が東北事業所を開設したのは2012年11月です。トヨタ自動車東日本の本社にほど近い、宮城県大衡村の工業団地内にあります。

　トヨタ自動車東日本は2012年7月1日に誕生しました。長年、トヨタ車の最終組み立てを担ってきた関東自動車工業とセントラル自動車、トヨタ自動車東北が合併してできた会社です。

各自動車メーカーは、円高、労働規制、若者の車離れなどさまざまな理由で、国内生産を抑制し、海外生産にシフトしました。トヨタ自動車も海外生産を進めてきましたが、自動車産業および関連産業の空洞化を防ぐために、「国内生産300万台を死守し、雇用を守る」と宣言されていました。

　トヨタ自動車東日本は、トヨタ自動車にとっては愛知県西三河地域と北九州に次ぐ、第三の自動車製造拠点となります。トヨタ自動車の戦略的車両であるカローラハイブリッドやアクアなど環境に優しい車種を生産しています。

　当社も愛知・九州と同様に、工場のメンテナンス関連をご支援できればと、東北事業所を開設したのです。

　さて、実際に宮城に拠点を構えて、トヨタ自動車の関連会社で仕事をさせていただくうち、当社ならではの貢献があるのではないかと考えるようになりました。

　例えば、ある会社ではこんな話がありました。樹脂製品を作る会社が、中部圏にある同様の会社と比べて生産性が上がらないというのです。実際に見たところ、多くの時間を生産機械の回路の補修や維持管理に費やし、実際の稼働時間に大きな影響を与えていることがわかりました。そこで、「このメンテナンスのための時間を減らし、機械の稼働率を上げるための改造を一緒にやりませんか」と申し出て不具合改善に協力させていただきました。

　また、圧縮空気を蓄積するタンクなどが、地震で倒れそうになったままで困っているといった話もありました。これは早急に補修しなければならないと考え、道路や建築の耐震補強を推進する専門部署と相談しながら、さまざまな補強工事の方法を調査・検討し、現場に合った工法を選び出しました。

　普段から何気なく接しているため自覚していなかったことですが、中部圏内の「も

のづくり」は、トヨタ自動車の影響で、独自の進化を遂げていたのです。

　当社はメンテナンス作業を通じて、関係者以外がなかなか見ることのできない「ものづくり」の現場を、長期間にわたって見てきました。このことにより蓄積されてきた知識やノウハウは、東北のお客様の生産性向上、もっといえば業績の拡大に貢献できると考えています。

　それは、生産性向上のためのコンサルティングサービスを行うことではなく、あくまで「プラントメンテナンスの専門医」としての提案をしていきたいと思っているのです。第５章でも書いた通り、当社はお客様先で「相談があるのだが」と呼び止められるたびに、仕事の範囲を少しずつ広げてきました。お客様からの相談の中に新しい仕事のヒントがあるからです。

　東北でも同じように、これまでお客様に教えていただいたことをフィードバックし、実際の作業を通じて貢献していきたいと考えています。

担当者として考えていたこと

機工部次長 大野伸吾
（おお の しんご）

　この車両展示装置を事業化するにあたり、実は大きな転機がありました。私の所属する機工部内には製造工場向けに装置販売を行う「機工課」という課があり、そこの課長として関わった経験が大きかったと思います。

　機工課のクライアントは大手自動車メーカーとその1次サプライヤーが多いので、毎日製造工場の現場に行くことが増えました。そこで目にしたのは、非常に高い品質を求めるものづくりの現場でした。単純に「車はものすごい技術と品質の上で成り立っているんだ!!」と感動したことを覚えています。

　また、それに関連して社内でも車の製造工程やメーカーごとに考えが異なる点などを話す機会が増えるにつれ、その話の中に「車ってこんなところに気を使っている、車のこういうポイントが見栄えを良くする、車の形はこのような理由で決められる」とか、車に関わる情報が大量に飛び交っていることに気がつきました。

　この「車ってすごい！×社内の情報」。これがAUTOMOBILE TOWER DISPLAYの発想の原点です。立体駐車場の営業担当だとしたら思いつかなかったと思います。

　ただ、ここから「車の魅力とは何か？　車の美しさとは？　塗装の仕上げと映え方の関係は？　色と人の心理の影響範囲は？」など深い深い問いに挑戦することになったわけです。（笑）

　ここで申し上げたいことは、お客様の現場からあらゆる情報を吸い上げ、世の中にないものを創造することができる会社が日進機工だということです。

　まさに「守って創る」。ここに我われの神髄があるように思います。

隣接する分野で新しい仕事を広げる

　当社は、当初、ウォータージェットを使って工場・プラントの設備を「洗浄する」会社でした。その仕事だけを今も行っていたとしたら、おそらく業績もさほど拡大せず、社員数も増えることはなかったでしょう。しかし、これまでお話ししてきたように、当社はウォータージェットの性能向上に伴い、新事業や新分野に積極的に進出してきました。また、工場・プラントの設備保全をする会社として、ウォータージェットを使用しない仕事にもチャレンジしてきました。

　この50年、常に新しい仕事、新しい客先を求めて、業績を拡大してきたといえます。もちろん、ただやみくもに、まったく未知の分野へ飛び込んでいったわけではありません。

　当社が意識してきたことは、今、行っている仕事の「一つ隣の仕事」に手を広げることです。立体車両展示装置もその好例の一つです。自動車業界の課題解決のために、機械式駐車装置の製造、販売に着手しました。そして、自動車ディーラーのニーズに合わせ、駐車装置を車両の展示装置にアレンジしました。

　立体車両展示装置だけを見ると、ウォータージェットが専門である当社がなぜ立体車両展示装置の仕事をしているのか、疑問に思われるかもしれません。しかし、一つずつ、隣の仕事へとシフトして事業のバリエーションを増やしているのです。

ピタコラム工法

　現在、当社が、「ピタコラム（Plate Included concrete Tightly Attached column）工法」という耐震補強工事の施工を行っているのも、「隣接する分野での新しい仕事」に進出した一例です。

　阪神・淡路大震災による大きな被害を教訓に、耐震補強工法のニーズは急速に高まりました。その結果、さまざまな耐震補強工法が開発され今日に至っています。矢作建設工業株式会社が開発したピタコラム工法もその一つで、1996年10月には開発実験をスタートし、2003年に完成させるとともに一般財団法人日本建築防災協会による技術評価を取得しています。

▲ピタコラム工法の施工前

▲ピタコラム工法の施工後

多くの耐震補強工法は建物内部での作業のため、マンションであれば日常生活に、そしてオフィスビルであれば業務に支障をきたしてしまうものです。

　しかしピタコラム工法は、鋼板内蔵型RC柱による完全外付け耐震補強を実現し、外部作業だけで耐震補強を完了させることができます。

　仕上げ面がコンクリートであり、鉄筋がむき出しにならない構造のため、錆の発生もなくメンテナンスが容易であることも特徴の一つです。潮風による影響を受けやすい海岸地域にも適しています。建物外部の工事となるため、室内の面積を縮小することもありません。デザインの選択肢が豊富なことから、景観面においても優れた工法といえます。

　そして一般的な耐震工事施工時に必須である外壁の解体も不要であることから、産業廃棄物の発生を抑えることができ、アスベストも一切発生しないという点も、大きな利点の一つです。

　肝心の耐震力も数多くの実験によって実証されており、一般的に採用されている屋内取り付け型の枠内鉄筋ブレースと同等の耐震力が見込めます。

　2015年現在、マンションやオフィスビルの耐震補強工事には数千万円から数億円かかると言われています。しかしピタコラム工法は、一般的な耐震補強工事に比べ、大幅なコストダウンと高い安全性を実現しました。

　工事中、室内が使えないという事態にかかるコストや手間がかからないという利点があるだけでなく、外壁の破壊などの作業が発生する従来の耐震工事に比べて、大幅な工期短縮も可能になるのです。

　現状、「外付け補強型」ともいえる施工中の建物使用が可能な耐震補強工事において、最高のコストパフォーマンスであると自負しています。

事実、これまでピタコラム工法の施工例は数多く、全国で 3,500 件以上の施工例があります。オフィスビルやマンションだけでなく、子どもたちの命を預かる学校にも多数採用されています。

現場を知っているからできる開発

　最後にメインテーマであるウォータージェット工法に対して、今後当社がどう関わり、どう取り組んでいくのかをお話しして締めくくりたいと思います。

　今までお話ししてきましたように、当社は工場・プラントでの洗浄メンテナンスから始め、剝離さらには切断、そして土木・建設分野での表面処理やはつりと、さまざまな分野で工事施工を行ってきました。これだけ多くの業界、分野でウォータージェット工法を活用している企業は当社だけでしょう。

　当社は厳密にいえば、ウォータージェット装置の専門メーカーではありません。しかし、当社のオリジナル製品である「エコマスター・マグナム」は、機能性、防音性などを高く評価され、現場で活躍しています。

　ウォータージェット工法の専門家・スペシャリストとして、ウォータージェットをどの分野、どの現場で活用していくかを模索し、既存の装置をいかに現場で活用していくかを見極め、そしてさらに施工スピードを上げるには何が必要かを考えて、新たなものを開発していく。日々のウォータージェット工事施工の積み重ねの中で、さまざまな装置の開発・改良を行い、ノウハウとデータを蓄積し、お客様の要望に応え続けてきました。このように現場で施工も行い、装置開発も積極的に行っている企業は、他には見当たりません。この実際の現場での施工経験、蓄積されたノウ

ハウ、データこそが重要なのであり、ウォータージェット装置の専門メーカーからも頼りにされる当社の開発力の源なのです。

人間は万能

　当社はさまざまな現場状況に合わせて装置の開発・改良を行い、省人化、自動化を行ってきました。しかし、日々の現場では、まだまだ人手に頼っている作業も多いのが現実です。

　コンクリートを簡単に破砕する威力の高圧水を噴射するガン、ハンドジェットを人の手で保持して作業することは、いかに安全対策を行うとしても、できれば避けたいことです。しかし、人の手による作業をそのまま機械で再現することは非常に難しいことなのです。悲しいかな、まだまだ機械は人間に追い付いていません。

　自動車工場の塗装用台車洗浄装置のように、洗浄あるいは剥離する対象物が決まっていれば、装置による自動化も可能です。リザードやエコジェット・クラッシャーのような専用ロボットは既にありますが、細かい部分や最後の仕上げ、手直しの部分は、どうしても人の手に頼らざるを得ません。

　工場の中で、我われが汚れを洗浄、あるいは剥離しなければならない対象物はさまざまな形状をしています。作業スペースが狭いこともあり、大げさな装置を持ち込むのが不可能な場面もあります。こういった洗浄・剥離作業はただでさえ体力が消耗される過酷な作業、さらに水は圧力を上げると温度が上がり、噴射される超高圧水は70℃を超え、夏には非常につらい作業となります。

　まずはリザードやエコジェット・クラッシャーのような専用装置を増やしていくこ

とで、作業者の負担を軽くし、より安全な作業ができるようにすることが第一です。

ニッチな分野を攻める

　また、特定された作業、本来人手では不可能なため、あきらめていた作業を装置化して、施工を実現させる。ニッチな部分を装置化し、人の手が関わらないようにしていく。ウォータージェット工法を、さまざまな産業、顧客へと、さらに広げていくためには必要なことです。用途としては少し特殊だけれど、完成すればその分野のスタンダードになり、他社が追随できなくなります。こういった取り組みは常に行っています。

　例えば、「剥がす」技術として紹介した「エコジェット・クライマー」は、ほとんど崖といっていい急峻な傾斜に設置された水力発電所の送配水管の内部を「剥がして、塗装する」装置として、2000 年に誕生しました。以来、装置本体の基本の形はそのままに、動き方や現場での作業性といった細かい事柄が毎年のように改良されています。

　2013 年に、「剥がす前、剥がした後、塗装した後」の「目視（ビデオ映像）・膜厚検査装置」を追加する開発要請がお客様からありました。

　当社は約 2 年の時間を費やし「検査ロボット」を開発し、現場での実証試験に臨んでいます。既に「エコジェット・クライマー」は存在しますが、それとは異なる動きが要求されるため、専用の脚部をもち、制御機器を内蔵したボディに暗視カメラと膜厚測定プローブ（精密測定のためのセンサー）を装備したロボットです。現場での実証試験は開発スタッフの腕の見せ所で、装置の改良はもちろんですが、作業

スタッフやお客様も全員巻き込んで、工事全体の「改良」にも目を配ります。

夢のロボット化

やはり、究極のテーマはあらゆる施工現場でのロボット化への挑戦です。

今や自律制御のヘリコプターが飛び、自動停止装置が自動車に組み込まれる時代。そして、遠く離れた病院の患者に、外科手術を施す「触覚フィードバック」機能を備えたマニピュレーターが開発される時代ですから、我われの現場作業のロボット化も決して夢物語とは言えないでしょう。

私たちが蓄積したノウハウを基に、三次元空間をスキャンして得た形状データと、表面の状態を調べるさまざまなセンサーから計算・判断し、瞬時に作業が開始できる「ノズルオペレーター・ロボット」が生まれるかもしれません。その前に、計算結果を基に手元が見えなくてもノズルをぶつけることなく作業ができる「洗浄・切断用のマニピュレーター」が登場するかもしれません。

ウォータージェットが可能にする、産業とインフラストラクチャーの「メンテナンス」。次々と革新の一手を創り出していく、とても魅力的な分野なのです。

column
ウォータージェット作業用ロボットの活躍

【土木・建設分野】

　近年の土木・建設現場では、ウォータージェット工法が多く採用され、脚光をあびています。ウォータージェット工法が土木・建築現場にて採用される理由には、健全なコンクリートを残しつつ低粉塵・低振動で劣化したコンクリートをはつることができるうえ、騒音対策も容易であることが挙げられます。

　これらの利点から、ウォータージェット工法への需要は高まっているのです。しかしながらウォータージェット作業は、前述したように噴射による反力を受けながら行わなければならないため、危険を伴う大変な作業となります。また、噴射水を当てる位置や速度などの条件により、作業効率に変化が生じます。初心者と熟練者とで作業効率の差が大きく出る作業なのです。

　現在、土木・建設作業者の高齢化や退職者の増加に伴い、作業者の減少と非熟練化が進んでいます。その例に漏れずウォータージェット工事に従事する作業者も減少していくと予想されます。

　ウォータージェット作業には熟練の技術やノウハウが必要であり、技術の伝承が重要です。一方で、作業負荷の低減と作業技術の平準化を進めることも必要です。大規模な面積の処理が必要な現場では、作業量が膨大になり、高所での作業も必要となります。最近では、ウォータージェット作業者の負担低減、作業の効率化、安全の確保の側面からリモートコントロールシステムを搭載したコンクリートはつり装置が導入されています。

　ノズルユニットは機械に取り付けられ、油圧モータ駆動により機械的に移動し、コンクリートのはつり対象部を処理します。

　ノズルユニットは、X軸とY軸の2軸上を自動で移動し、安全にウォータージェット作業を行うことが可能です。さらに、プログラム制御機能を搭載しているため、事前に設定したプログラムに従って、任意の範囲におけるはつり作業を自動で行うことができるようになっています。熟練作業者の技術を数値化することで、容易に効率のよい作業を再現でき、技術の平準化をはかれるのです。

　そして、この数値入力の機能を使用することで、四角形をはじめ、三角形や台形、ひし形、円形といったユニークなはつり形状での処理も可能となり、現場における多様な要望にも応えることができるため、多くの現場で活躍しています。

▲コンクリートはつり装置

▲リモートコントロールシステム

▲リモートコントロールシステムを搭載した、
　コンクリートはつり装置

▲コンクリートはつり装置

▲コンクリートはつり装置（高所作業）

▲コンクリートはつり装置（処理中）

▲ユニークな形状のコンクリートはつり

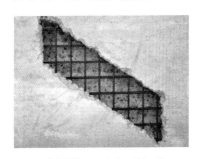

▲ユニークな形状のコンクリートはつり

▲リモコン操作中の作業員

【製造業の分野】

　製造業の分野においても、ウォータージェットが多く利用されています。

　特に近年、使用される素材が飛躍的に進化し、素材強度が強く、硬くなって加工しづらくなってきました。特殊な素材を洗浄のために剝がす、加工するために切断するなどの際、ウォータージェットが有効な手段となっているのです。

　船舶、鉄道車両、石油タンクなど鋼板で構成された構造体の塗装を剝がす作業にも、ウォータージェットは使われています。そして、このウォータージェット作業では半自動ロボットが活躍しています。リモートコントロールで自在に動くクローラを備えた装置（商品名：リザード）が、表層を走行しながら、塗装を剝離していきます。

　将来的には、一定範囲を自動で走行し塗装剝離の作業を行うことができるようになるでしょう。これはロボット掃除機の機能と同様のものです。

　自動車工場のボディーを塗装するラインでは、すでにさまざまなロボットが導入されています。可動する軸数が2軸程度のものもあれば、人の手のように自在に動くことができる6軸を持つロボットもあります。6軸ロボットのような多軸を持つロボットは、熟練工によるウォータージェット加工の動きを的確に再現でき、しかも長時間の連続作業が可能です。

　また、作業者の技術やノウハウをロボットにプログラミングするだけで、即座に変更に対応し、さまざまな形状や車種に適したウォータージェット加工を行うことができるのです。

　ウォータージェット作業が向かう方向性は「ロボット化」です。作業効率の改善や作業規模の拡大のためには、熟練作業員と同等の技術を操ることができるロボットを開発し、配備を進めていく必要があります。究極は「夢のロボット化」になるでしょう。ロボットがAIを搭載し、過去に蓄積されたビッグデータから、ロボット自身が対象物を判断して必要な処理を実行する ── そんな日もそう遠くないのかもしれません。

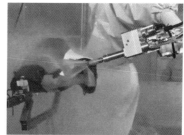

▲6軸ロボットシステム（塗装剥離）

▲クローラロボット（鉄道車両塗装剥離）

▲クローラロボット（石油タンク塗装剥離）

column
生活道路への除染処理

　私が社長を引き継いだ、2011 年の 8 月、この時まだ東日本大震災から半年も経っていませんでした。当社が培った技術を活かし、東北の復興に少しでも貢献したいと、私が最初に取り組んだテーマはウォータージェットによる「除染」でした。

　放射能で汚染された土を取り除くことが「除染」だと思う方がいるかもしれませんが、実際にはそれだけではありません。土だけではなく、コンクリートの道路も放射能で汚染されているため、道路の除染も必要なのです。ここにウォータージェットの出番があります。

　放射線量が高い場合は、コンクリートの表面に汚染物質が結合しているため、薄く削り取った後、しっかりと吸引する必要があります。このときに活躍するのが、「バキュジェット2500」です。

　これは、掃除機でいえば先端のアダプタに当たる部分にハンド吸引式回転ジェットと同様のノズルが付いています。245MPaの圧力で、毎分 2 ～ 4 m の進行速度、1 時間あたり 36 ～72㎡の面積を除染していきます。

　水を噴射して薄くコンクリートを剥ぎながら、同時に吸引していくので、汚染されたコンクリートと水をすべて回収できます。

　最初の工事は、2011 年 12 月に福島市の駅前広場でテスト施工として実施しました。除染の効果が十分に確認できたため、千葉県のある学校で 3,600 ㎡、他に茨城県取手市でも1,000㎡の除染を行いました。

　そして 2012 年 9 月に福島県郡山市で、500㎡の現地テストを行い、その後、葛尾村、富岡町、伊達市、浪江町などで施工しました。

　福島第一原発の入り口の守衛所の前の除染処理も行いました。震災から 1 年以上経過した後も放射線量が高く、守衛所周辺で勤務する警備員の方たちの、1 日あたりの被ばく量を軽減することが目的でした。

　内部被ばくを起こさない全面マスクなどの保護具を着用しての作業になります。着用すると1 m 先の相手でも話ができませんから、意思疎通が難しく、作業進捗にも影響が出ました。

　着脱にも時間がかかり、トイレ休憩を取ろうと思ったら、たっぷり 1 時間はかかりました。その上、1 日の被ばく量の制限があるため、作業時間が限定されます。慣れない条件が重なりましたが、安全を確保して作業を完成させることができました。

▲施工面の色が変わっているのがわかる

▲市街地でも安全な除染作業

施工面（左）▶　　　　　　　　　　◀未施工面（右）

▲学校や公園などの公共施設での施工

▲バキュジェット 2500 の回転ノズルヘッド
　強力な 245MPa を噴射して全量を吸引回収

memories

試行錯誤を繰り返したピタコラム事業

大阪支店市場開発部部長 久保元三<ruby>（く　ぼ　げんぞう）</ruby>

　私が当社に再就職した2005年1月に開催された年始パーティーで、その年の新入社員とともに、壇上で簡単にご挨拶する場を与えていただいたことを、今なお鮮明に記憶しています。

　前職時にお付き合いがあった矢作建設工業本社購買部の田内氏と、その日に面会する約束をしており、パーティー終了後に先方へと赴きました。そこで「ピタコラム工事の協力業者として会社が変わっても関係を継続し、チャレンジしてほしい」と有り難いお話を頂戴することができました。結果的に年始パーティーが運命の日となったのです。

　当時、当社市場開発部の営業品目はウォータージェットを駆使したはつり・表面処理・塗膜剥離などが主で、私もウォータージェットに特化した業績向上が課せられたミッションと捉えていました。さらに当時の水谷部長や丹羽課長のバックアップもあり、未知の建築耐震補強工事であるピタコラム工事にアタックすることになりました。

　入社前、ウォータージェットに全力を注ぐつもりで意気込んでいましたが、まさか全力を注ぐ対象がピタコラムに様変わりするとは予想だにしませんでした。

　その後、2005年7月の蒲郡市立形原小学校を皮切りに、同年8月には豊田工業高専のピタコラム工事を受注。管理者も協力業者もなくゼロからのスタートとなり、仕様や品質・工程管理は現場を動かしながら習得することとなりました。

　当時の本社エコテック課員の間では、ピタコラムに従事するスタッフを「ピタコラマー」と呼ぶことで笑いを誘ったりもしていました。新しいチャレンジに対し、常に前向きな姿勢で取り組んでいた当時のことが鮮明に思い出されます。

　そしてピタコラム工事は、2006年6月には青梅市立第四小学校、同年7月には世田谷区立尾山台小学校と東京へ、そして2007年7月には茨木市立南中学校・茨木市立穂積小学校と大阪へと展開していく結果になり、現在に至っています。

　その中でも忘れられない出来事は、2006年7月からスタートした常滑市立鬼崎南小学校での工事でした。その際に鉄筋・型枠工の人手が集まらず工程が遅延する事態になり、徹夜で型枠作業にあたらざるを得ない状況に陥ってしまったのです。夜な夜な響くハンマーで釘

を打つ音や支保鋼管を締め固める金属音が原因で、住民から警察に通報がいき、パトカーが現場に駆け付ける騒動となりました。

役所や元請け、矢作建設工業の幹部社員や担当者から呼び出される大事件となりましたが、経緯の説明や対策の協議を誠実に行い、悪質性がないことから、事なきを得ることができました。苦しみもがきながら、じりじりした暑さの中、また移り行く蟬の鳴き声を聞きながら何とかゴールインしたことは生涯忘れることはないでしょう。

おわりに

「最も強い者が生き残るのではなく、最も賢い者が生き延びるのでもない。唯一生き残ることができるのは、変化できる者である。」

　進化論を著したダーウィンが言ったとされるこの言葉（後で作られた逸話だという説もあるようですが）は、私が会社を経営していく上でいつも頭に置いている言葉です。

　当社が、ウォータージェットを使った設備の洗浄メンテナンスをスタートさせてから、ほぼ半世紀。本文に書いたように、洗浄から、剥離、表面処理、切断、コンクリートはつりと、さまざまな分野にウォータージェット工法の可能性を広げてきました。

　当社は現在、生産ラインの設備全般の維持・管理を行うエンジニアリング会社として、業績を広げています。時代のニーズに合わせ、手掛ける仕事の内容も日々変化しています。

　ただ変化に対応するだけでは、ただの根無し草になってしまう。必ずしっかりした核（コア）となる技術がいる。ウォータージェットの技術、ノウハウは、これからも常に高みを目指して開発し続けていく当社の核となる技術です。

　本書は、2015年に当社の50周年を記念して出版したものです。私が著者となっていますが、実際には文中に登場する者をはじめ、多くの社員にインタビューを行い、まとめたものです。いわば「現場からの声」。誇張も偽りもない、当社の、そしてウォータージェット工法の「今」をお伝えしているつもりです。ですから、もちろ

んまだまだ道半ばですし、未熟な面も多々目につくことと思いますが、ご容赦ください。

　当社の仕事は日本の製造業の根底を支えているものと自負しています。決して楽な仕事ではありません。お客様のスケジュールが最優先なので、休日返上、工事施工が深夜に及ぶこともたびたびです。しかし、志のある人にとっては、本当にやりがいのある仕事だと思っています。社会に貢献しているという実感もありますし、実際、お客様からの感謝や感動の言葉も多く聞くことができます。もちろん、ウォータージェット工法に関する最先端の技術に触れることができる。本書を読んで、特に若い人に当社に興味をもっていただけたとしたら、こんなにうれしいことはありません。

　少子化による人口減少、円高がもたらした大企業の生産設備の国外移転、さまざまな課題を抱える日本経済を生き残っていくため、これからも当社は変化し続けていきます。

2020 年 6 月

林 伸一

装置紹介

装置	説明
【超高圧発生装置】	
	最高 245MPa（2,500kgf/cm²）の吐出圧力を誇る高性能なプランジャーポンプユニット。
	最高 245MPa（2,500kgf/cm²）の吐出圧力を誇る高性能なプランジャーポンプユニット。通常のポンプユニットよりコンパクトになり、電動モータ仕様。
	最高 280MPa（2,800kgf/cm²）の吐出圧力を誇る高性能な超高圧ポンプユニット。最高吐出数量 26ℓ/min の超高圧ポンプを 2 台搭載。
	高温ジェットでは他に例をみない 60MPa（600kg/cm²）/ 80MPa（800kgf/cm²）を実現。
	大水量と超高圧の両能力を併せ持つウォータージェットユニット。

装置	説明
【アタッチメント】	
	先端ノズルを回転させることによって洗浄効果を向上させるハンドガン。噴射パターンが面になり洗浄ムラがなくなる。
	エアモーターにより先端ノズルバーを回転させることによって平面を均一に洗浄処理。壁面の平面やコーナー部の処理に威力を発揮。
	高圧水による洗浄と同時に処理水をバキューム回収できる洗浄ユニット。汚水を回収しながら洗浄が可能で、周囲への飛散を防止。
	垂直に壁に貼り付け、半自動で超高圧水による表面処理及び塗装剥離が可能。(マグネット張り付)

装置	説明
【アタッチメント】	
	ウォータージェットによるコンクリートはつりに特化したはつりロボット。狭いエリアでの作業にも適応し、水平面、垂直面、天井面等のコンクリートを効率的に処理。作業は入力した数値によって自動的に行われ、さまざまな形状のはつりにも対応。
	PC桁などのウォータージェット削孔用ツール。PCケーブルなどを損傷させることなく安全に施工。同時吸引可能な飛散防止カバーを採用で、周囲への飛散を最小限に抑制可能。
	最高254MPaの超高圧水を回転噴射し、コンクリートはつりを行う。フレームにアルミ構造を採用し、大幅な軽量化を実現。
	WAS（ウォータージェットアブレイシブサスペンション）カッティングシート工法を採用。超高圧水と研掃材の切断エネルギーをロスなく使用することで、今までにない切断能力を実現。

装置	説明
【アタッチメント】	
	チェーン式トラバースレール採用のカッティング装置。各種サイズ径の配管に対応。設置も容易。走行部をコンパクトに設計のため、狭小部での施工に対応。
	配管に吸盤を貼り付けて処理領域を広く確保し、従来の施工基準を大きく変えた。
	制限されたエリアでのハイドロデモリッション作業や今までハンドガンを使って行っていた床面や壁や天井などのはつり作業をリモコンを使用して遠隔が可能に。

著者プロフィール

林 伸一（はやし しんいち）

日進機工株式会社・代表取締役社長。
1961（昭和36）年、愛知県生まれ。
1985（昭和60）年、一橋大学社会学部卒。1990（平成2）年、日進機工入社。
1996（平成8）年取締役、2002（平成14）年常務、2004（平成16）年専務を経て、
2011（平成23）年、代表取締役社長に就任。公益社団法人日本洗浄技能開発協会
副理事長（2020年現在）。

新装改訂版

はがね　みず
鋼の水

2020年6月25日　第1刷発行

著　者　　　林 伸一
発行人　　　久保田貴幸

発行元　　　株式会社 幻冬舎メディアコンサルティング
　　　　　　〒151-0051　東京都渋谷区千駄ヶ谷4-9-7
　　　　　　電話　03-5411-6440（編集）

発売元　　　株式会社 幻冬舎
　　　　　　〒151-0051　東京都渋谷区千駄ヶ谷4-9-7
　　　　　　電話　03-5411-6222（営業）

印刷・製本　瞬報社写真印刷株式会社
装　丁　　　弓田和則

本書についての
ご意見・ご感想はコチラ